ESTATÍSTICA BÁSICA

2ª edição revista e ampliada

Dados Internacionais de Catalogação na Publicação (CIP)
(Câmara Brasileira do Livro, SP, Brasil)

V658e Vieira, Sonia.
Estatística básica/Sonia Vieira. - 2. ed., rev. e ampl.
- São Paulo, SP : Cengage, 2018.

Inclui bibliografia

ISBN 978-85-221-2807-5

1. Estatística. I. Título.

CDU 519.22
CDD 519.5

Índice para catálogo sistemático:

1. Estatística 519.22
(Bibliotecária responsável: Sabrina Leal Araujo - CRB 8/10213)

ESTATÍSTICA BÁSICA

2ª edição revista e ampliada

Sonia Vieira

Austrália • Brasil • México • Cingapura • Reino Unido • Estados Unidos

Estatística básica
2ª edição revista e ampliada
Sonia Vieira

Gerente editorial: Noelma Brocanelli

Editora de desenvolvimento: Salete Del Guerra

Supervisora de produção gráfica: Fabiana Alencar Albuquerque

Produção gráfica: Soraia Scarpa

Copidesque: Joana Figueiredo

Revisão: Monica Aguiar e Isabel Ribeiro

Projeto gráfico e diagramação: Triall Composição Editorial Ltda.

Design de capa: Buono Disegno

Imagem de capa: Shutterstock

Impresso no Brasil
Printed in Brazil
1ª impressão – 2018

ISBN 13: 9 978-85-221-2807-5
ISBN 10: 85-221-2807-3

Cengage Learning
Condomínio E-Business Park
Rua Werner Siemens, 111 – Prédio 11 – Torre A – Conjunto 12
Lapa de Baixo – CEP 05069-900 – São Paulo –SP
Tel.: (11) 3665-9900 – Fax: (11) 3665-9901
SAC: 0800 11 19 39

Para suas soluções de curso e aprendizado, visite **www.cengage.com.br.**

Sumário

Apresentação

Não é demais afirmar que a Estatística está no cerne do raciocínio necessário para que aconteçam importantes avanços nas ciências ou para que sejam tomadas decisões difíceis nos negócios e nas políticas públicas. Portanto, o tempo despendido no estudo da Estatística é um investimento sólido para o futuro acadêmico e profissional das pessoas.

Este livro apresenta os fundamentos da Estatística para quem se inicia no estudo dessa disciplina. A autora, professora de Estatística com vasta experiência, lecionou na Unicamp, na Unesp e na UFSCar e tem pós-doutorado na Universidade da Califórnia, Berkeley, na Universidade Yale e na Schloss Leopoldskron, Innsbruck, Áustria. Convivência e trabalho com alunos e professores de Estatística permitiram que ela compreendesse a necessidade de um livro que expusesse conceitos e explicasse a lógica dos procedimentos da Estatística, sem as intermináveis demonstrações matemáticas. Por causa disso, o livro expõe conteúdo relevante para o aprendizado dessa disciplina, de forma simples, direta e bastante didática.

ESTRUTURA DO LIVRO

O texto apresenta conceitos e procedimentos básicos da Estatística e usa exemplos da vida real. Depois, oferece ao leitor a oportunidade de praticar os conhecimentos recém-adquiridos, fazendo exercícios. O livro conta com 141 exemplos e propõe 204 exercícios. Você poderá assim aplicar o que aprendeu e depois conferir sua resposta no final do livro. É a prática que faz a diferença.

A diagramação é primorosa e cuidadosamente planejada para facilitar a aprendizagem. Destacam-se o que é conceito e o que é exemplo. Tabelas e figuras seguem as normas técnicas. Enfim, o visual é agradável e didático.

E você poderá adquirir mais conhecimentos de Estatística, lendo a autora em soniavieira.blogspot.com ou buscando outras de suas obras.

O QUE HÁ DE NOVO

Esta segunda edição ganhou novos capítulos, que tratam de inferência estatística (Capítulo 10), teste de hipóteses e teste de qui-quadrado (Capítulo 11). Novos exercícios para as áreas de engenharia e gestão de negócios foram incluídos.

MATERIAL DE APOIO ON-LINE PARA O PROFESSOR

Na página deste livro no site da Cengage (www.cengage.com.br), você encontra slides em PowerPoint para usar em suas aulas.

Prefácio

A pesquisa científica é um processo de busca e aprendizagem. A Estatística torna esse processo tão eficiente quanto possível. Isto porque a Estatística é a ciência que fornece os princípios e os métodos para coleta, organização, resumo, análise e interpretação das informações. Mas você talvez esteja se perguntando: "É preciso estudar Estatística?" "Estatística será útil na minha profissão?" Pois aqui vão cinco razões pelas quais você deve se debruçar um pouco mais sobre esse assunto.

A primeira razão para estudar Estatística é *adquirir capacidade para ler assuntos técnicos*. Jornais, revistas e relatórios contêm, na maioria das vezes, algum tipo de estatística. Saber um pouco dessa matéria dá habilidade para entender os resultados apresentados.

A segunda razão *é a necessidade de ser um consumidor informado*. Trabalhos com erros de cálculo ou estatísticas inadequadas são mais comuns do que se imagina. Se você souber um pouco de Estatística, estará em condições de avaliar o que lhe é apresentado.

A terceira é *aprender como pautar as decisões*. Por exemplo, imagine que você queira comparar o absenteísmo em vários departamentos de uma empresa. Há sempre duas possibilidades quando se faz uma comparação: a primeira é a de que as diferenças ocorram ao acaso e a segunda é a de que as diferenças sejam reais. Sem estatísticas, não há como tomar uma decisão racional entre as duas possibilidades.

A quarta razão para estudar Estatística é *desenvolver a capacidade de crítica e de análise*. Para aprender Estatística é preciso aperfeiçoar o pensamento lógico e o raciocínio formal, que terão muita utilidade na sua vida profissional.

A quinta razão é *adquirir conhecimento sobre o trabalho dos estatísticos e saber a função desses profissionais*. A maioria de nós conhece o suficiente do próprio carro para saber quando levá-lo à oficina mecânica. É a mesma coisa com a Estatística. Não ponha em risco um projeto inteiro tentando fazer a análise. Procure um estatístico e converse com ele.

Estudar Estatística não é fácil, mas também não é difícil. É preciso concentração, disposição para fazer cálculos e exercícios e buscar constantemente entendimento dos resultados. Este livro foi escrito para ajudar você nessa empreitada. Mas não foi fácil escrevê-lo. Precisei de muito apoio e muita assistência de diferentes formas e de diferentes pessoas. Sou, portanto, grata a todos os que me ajudaram.

Ficam aqui registrados meus agradecimentos a Martha Maria Mischan, que fez críticas ao texto original com a maestria de sempre, a Márcio Vieira Hoffmann, pela ajuda constante e a Cengage, que confiou neste trabalho. Agradeço aos meus professores e aos meus colegas, que me propiciaram o ambiente adequado para estudar. Mas sou especialmente grata aos meus leitores e aos meus alunos, pois eles são a motivação última do meu trabalho.

A autora

1

capítulo

Apresentação de dados em tabelas

Quando alguém fala em Estatística você se lembra das pesquisas eleitorais, de dados sobre desemprego, dos muitos gols feitos pelo seu time de futebol nos últimos meses? Ou, para você, Estatística é, simplesmente, uma disciplina exigida em seu curso?

Seja qual for o seu conceito, seria bom que este livro mostrasse que Estatística é uma ciência importante, que tem aplicação em negócios, em assuntos do governo, em administração, em engenharia, em economia. E seria bom que este livro convencesse você de que o tempo despendido no estudo da Estatística é um investimento sólido em seu futuro.

▸ *Estatística* é a ciência que fornece os princípios e os métodos para coleta, organização, resumo, análise e interpretação das informações.

1.1 O que é variável e o que é dado?

Em geral, só procuramos informações sobre *variáveis*. Por exemplo, ninguém perguntaria se jogadores de futebol têm pulmões. É óbvio, diria alguém, mas é óbvio porque estamos diante de uma *constante*. No entanto, rotineiramente buscamos informações sobre o desempenho e o salário desses atletas, porque são *variáveis*.

- *Variável* é uma condição ou característica que descreve uma pessoa, um animal, um lugar, um objeto, uma ideia.
- A variável assume valores diferentes (é variável) em diferentes unidades.

EXEMPLO 1.1

Variáveis

São variáveis: profissão, nacionalidade, número de pessoas em uma sala, número de alunos na escola, peso de caminhões, altura de prédios.

As variáveis são classificadas em dois tipos:

- Categorizadas (antes chamadas qualitativas).
- Numéricas (antes chamadas quantitativas).

- Uma variável é *categorizada* (ou *qualitativa*) quando pode ser dividida em grupos.
- Uma variável é *numérica* (ou *quantitativa*) quando é obtida por medição ou contagem.

EXEMPLO 1.2

Variáveis categorizadas e variáveis numéricas

São variáveis categorizadas: profissão (professor, militar, enfermeiro etc.), nacionalidade (brasileiro, francês, italiano etc.), tipo de sangue (O, A, B, AB).

São variáveis numéricas: número de pessoas em uma sala, velocidade de automóveis, comprimento de barcos etc..

- As variáveis categorizadas são expressas por *palavras* e as variáveis numéricas por *números*.

As variáveis categorizadas ou qualitativas são classificadas em dois tipos:

- Nominal.
- Ordinal.

- A variável é *nominal* quando pode ser dividida em grupos ou categorias, sem associação numérica.

- A variável é *ordinal* quando os dados são distribuídos em grupos que têm ordenação natural.

EXEMPLO 1.3

Variáveis nominais e variáveis ordinais

São *variáveis nominais*: nacionalidade, religião, afiliação partidária etc.
São *variáveis ordinais*: escolaridade, satisfação do cliente etc.

As variáveis quantitativas ou numéricas são classificadas em dois tipos:

- Discreta.
- Contínua.

- A variável *discreta* assume apenas alguns valores (por exemplo, somente números inteiros) em um dado intervalo.
- A variável *contínua* assume qualquer valor em determinado intervalo.

EXEMPLO 1.4

Variáveis discretas e variáveis contínuas

São *variáveis discretas*: número de cavalos em um haras, número de parafusos em uma caixa, número de pétalas de uma flor etc.
São *variáveis contínuas*: tempo, quantidade de chuva, área de terrenos etc.

O esquema dado na Figura 1.1 resume a classificação das variáveis.

- *Dados* são os valores observados das variáveis.

EXEMPLO 1.5

Classificação de dados

Se você verificou que João Antônio da Silva foi aprovado em primeiro lugar no concurso, tem 19 anos e deve trabalhar 6 horas por dia, tem dados sobre essa pessoa. Nome é variável nominal, lugar de aprovação é variável ordinal, 19 anos é variável discreta e 6 horas é variável contínua.

1.2 Apuração de dados

As organizações coletam dados de grande variedade de fontes que incluem, por exemplo, dados sobre transações comerciais (interações entre empresas e seus clientes, fornecedores e outros com quem fazem negócios), e informações de mídias sociais, custos de produção etc. Essas informações, chamadas de *dados brutos*, pre-

Figura 1.1 Classificação de variáveis

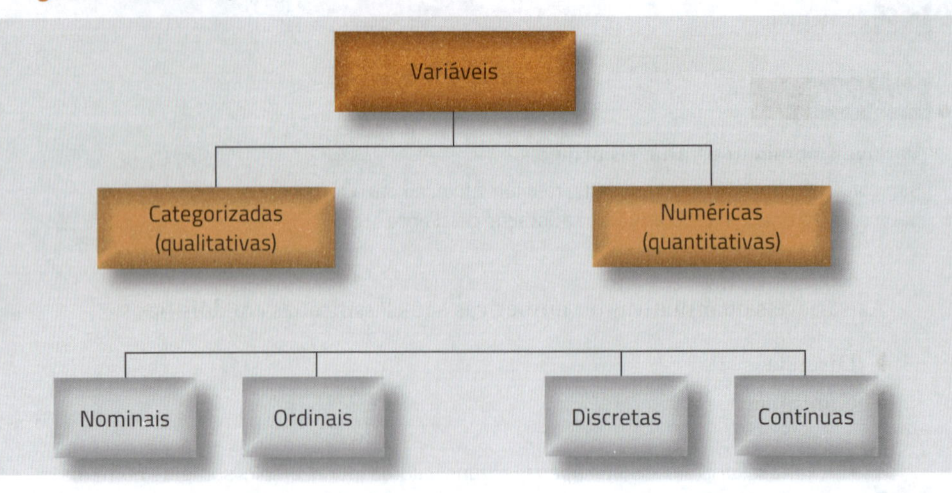

cisam ser organizadas e preparadas para análise e interpretação. Essa fase do trabalho é a apuração.

- *Apuração* é a organização de dados brutos, registrados e armazenados em planilhas, para análise e interpretação.

EXEMPLO 1.6

Dados brutos

O gestor de um supermercado quer saber que tipo de pessoa se candidata a uma vaga para operador de caixa. Faz, então, a apuração dos dados coletados nas 27 fichas de inscrição para uma vaga aberta recentemente. Para fazer esse trabalho, pega cada ficha de inscrição e organiza os dados como se segue.

Tabela 1.1 Apuração de dados

Nº da ficha	Sexo	Idade	Escolaridade	Nº de empregos anteriores
1	F	18	Fundamental	1
2	F	23	Médio	0
3	F	25	Fundamental	2
4	M	19	Médio	2
5	F	16	Médio	1
6	F	18	Fundamental	0
7	F	25	Fundamental	Não declarou
8	F	24	Médio	2
9	M	35	Médio	3
10	M	36	Fundamental	4

Tabela 1.1 (continuação)

Nº da ficha	Sexo	Idade	Escolaridade	Nº de empregos anteriores
11	F	27	Fundamental	2
12	F	29	Médio	2
13	F	32	Fundamental	2
14	F	42	Médio	6
15	M	19	Fundamental	1
16	F	18	Médio	0
17	M	36	Fundamental	2
18	F	39	Superior	1
19	F	42	Fundamental	0
20	F	53	Médio	6
21	F	25	Médio	3
22	M	27	Fundamental	3
23	F	22	Médio	3
24	F	36	Fundamental	2
25	F	38	Fundamental	3
26	M	18	Fundamental	0
27	F	33	Superior	3

O grande volume de dados que inundam as organizações todo dia, na forma de dados brutos ou dados apurados, constitui o que se chama hoje *Big data*. Mas não basta acumular dados. São a análise e a interpretação deles que podem levar a boas decisões. Mas o que o termo *Big data* significa? Segundo o tradicional Dicionário de Oxford.

- *Big data* são conjuntos extremamente grandes de dados que podem ser analisados em computadores para revelar padrões, tendências e associações, especialmente relacionados ao comportamento humano e suas interações.

Vamos começar a entender como organizar os dados com pequenos conjuntos de dados. Afinal, você sabe que não teria sentido começar a resolver equações de quinto grau por quem ainda não dominou a arte de resolver equações de primeiro grau.

1.3 Construção de tabelas

Dados corretamente coletados fornecem conhecimentos que não seriam obtidos por simples especulação. Nas mais diversas áreas de trabalho, as pessoas levantam dados e os analisam para tirar conclusões. Mas os dados precisam ser apresentados. A melhor forma de apresentar dados de maneira organizada é por meio de *tabelas*, construídas de acordo com as normas técnicas[1].

EXEMPLO 1.7

Construindo uma tabela

Imagine que o gestor do Exemplo 1.6 quer apresentar as idades dos homens que se candidataram à vaga para operador de caixa. Organiza, então, os dados como mostra a Tabela 1.2.

Tabela 1.2 Idades, em anos completos, dos candidatos homens à vaga para operador de caixa

Nº da ficha	Idade
4	19
9	35
10	36
15	19
17	36
22	27
26	18

Uma tabela deve ter:

1. Título
2. Cabeçalho
3. Indicador de linha
4. Célula
5. Moldura

- O *título* explica o que a tabela contém.
- O *cabeçalho* especifica o conteúdo de cada coluna.
- O *indicador de linha* especifica o conteúdo de cada linha.
- *A célula* é o espaço na tabela onde os dados são colocados. Esse espaço é criado pelo cruzamento de uma linha com uma coluna.

1 As normas do IBGE são excelentes. Disponível em: <http://www.1.ibge.gov.br/home/estatistica/populacao/censo2000/tabelabrasil111.shtm>. Acesso em: 20 abr. 2008.

EXEMPLO 1.8

Componentes de tabela

Na Tabela 1.2 do Exemplo 1.7, o título é:

Idades, em anos completos, dos candidatos homens à vaga para operador de caixa

O cabeçalho é:

Nº da ficha	Idade

O indicador de linha, neste exemplo, especifica os números das fichas dos candidatos homens à vaga para operador de caixa:

4
9
10
15
17
22
26

As células contêm as idades dos candidatos homens à vaga para operador de caixa:

19
35
36
19
36
27
18

A moldura configura a tabela. Embora os programas para computador apresentem muitas opções de desenhos de tabelas com grades, as normas brasileiras pedem para evitar traços verticais, principalmente os laterais.

1.4 Tabelas de distribuição de frequências

1.4.1 Apresentação de dados categorizados em tabela de distribuição de frequências

Dados categorizados devem ser apresentados em uma *tabela* de distribuição de frequências, *porque esse tipo de tabela pode* mostrar *quantas* unidades foram observadas em cada *categoria* da variável.

EXEMPLO 1.9

Distribuição de frequências para dados categorizados

Imagine que o gestor do Exemplo 1.6 quer apresentar o número de homens e o número de mulheres que se candidataram à vaga para operador de caixa. Faz, então, a contagem e organiza os dados, como mostra a Tabela 1.3.

Tabela 1.3 Distribuição dos candidatos à vaga para operador de caixa do supermercado, segundo o sexo

Sexo	Frequência
Homens	7
Mulheres	20
Total	27

Nas tabelas de distribuição de frequências é usual fornecer, além das *frequências*, as *frequências relativas.*

Frequência relativa ou *proporção de uma categoria* é o quociente entre a frequência dessa categoria e o total.

$$\text{Frequência relativa} = \frac{\text{Frequência}}{\text{Total}}$$

EXEMPLO 1.10

Cálculo das frequências relativas

Reveja o Exemplo 1.6, depois observe a Tabela 1.4, que apresenta o cálculo das frequências relativas. A soma das frequências relativas é, obrigatoriamente, 1.

Tabela 1.4 Distribuição dos candidatos à vaga para operador de caixa do supermercado, segundo o sexo

Sexo	Frequência	Frequência relativa
Homens	7	$\frac{7}{20} = 0{,}249$
Mulheres	20	$\frac{20}{27} = 0{,}741$
Total	27	1

As frequências relativas são, em geral, apresentadas em porcentagens. Para obter a porcentagem de unidades em uma dada categoria, multiplique a proporção calculada por 100.

EXEMPLO 1.11

Cálculo de porcentagens

Reveja a Tabela 1.4, depois observe a Tabela 1.5, que apresenta frequências relativas em porcentagens. A soma das porcentagens é, necessariamente, 100%.

Tabela 1.5 Distribuição dos candidatos à vaga para operador de caixa do supermercado, segundo o sexo

Sexo	Frequência	Percentagem
Homens	7	25,90%
Mulheres	20	74,10%
Total	27	100,00%

- Uma *tabela de frequências* resume os dados. Ela mostra quantas vezes ocorre cada valor da variável e a respectiva porcentagem.

1.4.2 Apresentação de dados discretos em tabela de distribuição de frequências

Se os dados são *discretos*, para organizar a tabela de distribuição de frequências:

1. Conte quantas vezes cada dado se repete.
2. Organize a tabela colocando, na primeira coluna, os dados numéricos em ordem natural (mas sem repetições) e, nas respectivas linhas, as frequências.

EXEMPLO 1.12

Distribuição de frequências para dados discretos

Imagine que o gestor do Exemplo 1.6 quer apresentar o número de empregos que os candidatos à vaga para operador de caixa já tiveram. É preciso, então, contar quantas vezes cada valor se repete. Cinco candidatos nunca tiveram emprego (número de empregos anteriores 0), quatro candidatos tiveram um emprego e assim por diante. O gestor organiza os dados como mostra a Tabela 1.6.

Tabela 1.6 Distribuição dos candidatos à vaga para operador de caixa do supermercado, segundo o número de empregos anteriores

N° de empregos anteriores	Frequência
0	5
1	4
2	8
3	6
4	1
5	0
6	2
Não declarado	1
Total	27

1.4.3 Apresentação de dados contínuos em tabela de distribuição de frequências

Tabelas com grande número de dados não dão ao leitor visão rápida e global do fenômeno. Observe os dados apresentados na Tabela 1.7: é difícil dizer como os valores se distribuem. Por essa razão, dados contínuos – desde que em grande número[2] – devem ser apresentados em tabelas de distribuição de frequências.

EXEMPLO 1.13

Uma tabela com grande número de dados contínuos

O gerente de uma agência da Caixa Econômica verificou os valores depositados em contas de poupança que aniversariavam no dia 1° de junho. Os valores, em reais, estão apresentados na Tabela 1.7.

2 Pense em 100 ou mais dados. Se você tiver 25 dados, apresente-os na forma e na ordem em que foram coletados.

Tabela 1.7 Valores, em reais, depositados em contas de poupança que aniversariaram no dia 1° de junho de determinado ano

13.155,00	729,00	1.323,00	5.580,00	10.608,00	31.000,00
3.725,00	756,00	1.421,00	5.975,00	10.725,00	35.456,00
215,00	783,00	1.521,00	6.615,00	11.388,00	39.876,00
15.435,00	26.532,00	1.638,00	6.708,00	11.760,00	891,00
59.989,00	864,00	1.666,00	7.693,00	12.005,00	864,00
435,00	29.258,00	40.673,00	7.965,00	81,00	49.786,00
465,00	864,00	1.794,00	8.325,00	13.827,00	972,00
513,00	51.978,00	1.813,00	1.862,00	50.325,00	50.442,00
8.505,00	864,00	14.322,00	570,00	15.288,00	864,00
621,00	891,00	2.522,00	8.505,00	.311,00	1.666,00
8.424,00	44.567,00	3.125,00	675,00	15.463,00	56.765,00
648,00	918,00	3.720,00	9.672,00	16.905,00	59.756,00
675,00	19.875,00	53.333,00	9.672,00	17.355,00	648,00
9.555,00	1.107,00	4.425,00	10.125,00	1.131,00	
4.725,00	1.131,00	729,00	10.388,00	20.918,00	
729,00	10.388,00	5.175,00	819,00	193,00	
1.323,00	1.289,00	5.325,00	10.608,00	420,00	

Para construir uma tabela de distribuição de frequências com os dados apresentados na Tabela 1.6:

- Ache o valor mínimo e o valor máximo do conjunto de dados.

  Mínimo = R$ 81,00 Máximo = R$ 59.989,00

- Calcule a *amplitude*, que é a diferença entre o valor máximo e o valor mínimo.

  Amplitude = 59.989,00 – 81,00 = 59.908,00

- Decida quantas classes de valores monetários quer organizar. Vamos construir *oito* classes.
- Divida a amplitude dos dados pelo número de classes que decidiu organizar.

  59.908,00 ÷ 8 = 7.488,50

- Arredonde o resultado da divisão para um valor mais alto, o que facilita o trabalho de organizar as classes. No caso, R$ 7.500,00. Esse é o *intervalo de classe*.
- Os limites dos intervalos de classe são denominados *extremos de classe*. Você pode (e às vezes deve) usar, como limites de classe, números que facilitem os cálculos, por exemplo, 0, 10, 20, 30 etc.
- Organize as classes: a primeira deve conter o valor mínimo e a última deve conter o valor máximo. Se a primeira classe começar em 0, o extremo superior dessa classe será zero mais o intervalo de classe. No caso,

  Extremo inferior: 0,00 Extremo superior: 0,00 + 7.500,00

- A classe seguinte começa no extremo superior da primeira classe e termina na soma desse valor com o intervalo de classe. No caso, a segunda classe vai de 7.500,00 até

  7.500,00 + 7.500,00 = 15.000,00.

- Continue procedendo assim, até construir classes para conter todos os dados. Cada classe cobre o intervalo dado pelo extremo superior da classe anterior, até esse valor acrescido do intervalo de classe.

EXEMPLO 1.14

Organização das classes

Reveja o Exemplo 1.13. As classes estão organizadas da seguinte forma:

0,00 ⊢ 7.500,00
7.500,00 ⊢ 15.000,00
15.000,00 ⊢ 22.500,00
22.500,00 ⊢ 30.000,00
30.000,00 ⊢ 37.500,00
37.500,00 ⊢ 45.000,00
45.000,00 ⊢ 52.500,00
52.500,00 ⊢ 60.000,00
60.000,00 ⊢ 67.500,00

Para ficar claro, na tabela de distribuição de frequências, se os valores iguais aos extremos estão ou não incluídos na classe, use a notação do Exemplo 1.15. A segunda classe é

7.500,00 ⊢ 15.000,00

Isto significa que o intervalo é *fechado* à *esquerda*, isto é, pertence à classe valores iguais ao extremo inferior da classe (no exemplo, 7.500,00). Também significa que o intervalo é *aberto* à *direita*, isto é, não pertence à classe valores iguais ao extremo superior da classe (no exemplo, o valor 15.000,00 não pertence à segunda classe).

É preciso lembrar aqui que há outras maneiras de indicar se os extremos de classe estão, ou não, incluídos em determinada classe. O Instituto Brasileiro de Geografia e Estatística (IBGE) usa notação diferente. Para dados de idade, por exemplo, estabelece: "0 até 4 anos", "5 até 9 anos", "10 até 14 anos" e assim por diante. Na classe "0 até 4 anos" são incluídas desde pessoas que acabaram de nascer até pessoas que estão na véspera de completar 5 anos.

De qualquer modo, organizadas as classes, insira as frequências, as frequências relativas (ou as porcentagens) e os pontos centrais de classe.

Ponto central de classe é a média aritmética dos dois extremos de classe.

O ponto central de classe representa a classe e é usado, como veremos nos próximos capítulos, para desenhar gráficos, e calcular medidas de tendência central e de variabilidade.

EXEMPLO 1.15

Distribuição de frequências para dados contínuos

Reveja o Exemplo 1.13. A Tabela 1.8 apresenta a distribuição de frequências.

Tabela 1.8 Distribuição dos valores, em reais, depositados em contas de poupança que aniversariaram no dia 1° de junho de determinado ano

Classe	Ponto central	Frequência	Porcentagem
0,00 ├ 7.500,00	3.750,00	55	56,1%
7.500,00 ├ 15.000,00	11.250,00	21	21,4%
15.000,00 ├ 22.500,00	18.750,00	7	7,1%
22.500,00 ├ 30.000,00	26.250,00	2	2,0%
30.000,00 ├ 37.500,00	33.750,00	2	2,0%
37.500,00 ├ 45.000,00	41.250,00	3	3,1%
45.000,00 ├ 52.500,00	48.750,00	4	4,1%
52.500,00 ├ 60.000,00	56.250,00	4	4,1%
Total		98	100,0%

A escolha do número de classes é feita pelo pesquisador em função do que ele quer mostrar, mas é aconselhável estabelecer de 5 a 20 classes. Se o número de classes for demasiado pequeno (por exemplo, 3), perde-se muita informação. Se o número de classes for grande (por exemplo, 30), há pormenores desnecessários. No entanto, não existe um número "ideal" de classes para um conjunto de dados, embora existam até fórmulas para estabelecer quantas classes devem ser construídas.

Os resultados obtidos por meio de fórmulas podem servir como referência, mas não devem ser entendidos como obrigatórios. Para usar uma dessas fórmulas, faça n indicar o *número de dados*. O *número de classes* será um inteiro próximo de k, obtido pela fórmula:

$$k = \sqrt{n}$$

EXEMPLO 1.16

Cálculo do número de classes

Para entender como se obtém o número de classes por meio de fórmula, reveja a Tabela 1.7. Como $n = 98$, aplicando a fórmula dada, tem-se que:

$$k = \sqrt{n} = \sqrt{98} = 9{,}9 \cong 10$$

ou seja, poderiam ter sido organizadas 10 classes.

Em uma distribuição de frequências, o extremo inferior da primeira classe, o extremo superior da última classe ou ambos podem não estar definidos. Ainda, os intervalos de classe podem ser diferentes. No entanto, intervalos de classe iguais facilitam o trabalho de organização da tabela e o desenho de gráficos.

EXEMPLO 1.17

Intervalos de classe diferentes e extremos não definidos

As notas de 15 alunos de um curso de especialização foram atribuídas pelo professor em números: 10; 6; 8; 9; 8; 7; 5; 9; 10; 8; 5; 7; 6; 3; 9. No entanto, elas devem ser fornecidas para a secretaria da escola na forma de conceito, como se segue: nota menor que 5, conceito D (aluno reprovado); nota 5 (inclusive) a 7 (exclusive), conceito C; nota 7 (inclusive) a 9 (exclusive), conceito B; nota maior que 9, conceito A. O professor organizou uma tabela de distribuição de frequências para melhor observar o desempenho de seus alunos.

Tabela 1.9 Distribuição das notas e respectivos conceitos dos alunos de especialização

Nota	Conceito	Frequência	Porcentagem
Menor que 5	D	1	6,7%
5 ⊢ 7	C	4	26,7%
7 ⊢ 9	B	5	33,3%
9 ou maior	A	5	33,3%
Total		15	100,0%

EXERCÍCIOS

1. Especifique o tipo das seguintes variáveis:
   a) Peso de encomendas postadas em correio.
   b) Marcas de carros.
   c) Resistência de materiais.
   d) Quantidade anual de chuva na cidade de São Paulo.
   e) Nacionalidade.
   f) Número de canções em uma peça musical.
   g) Número de caixas de leite vendidas por dia em um supermercado.
   h) Comprimento de terrenos.
2. Complete a Tabela 1.10.

Tabela 1.10 Distribuição das notas de 200 alunos

Nota do aluno	Frequência	Frequência relativa
De 9 a 10		0,08
De 8 a 8,9	36	
De 6,5 a 7,9	90	
De 5 a 6,4	30	
Abaixo de 5	28	
Total	200	1,0

3. Foi feita uma votação em um condomínio para eleger o síndico. Havia três candidatos. De posse dos resultados:
   a) Determine o número de votos de cada pessoa.
   b) Calcule as porcentagens.
   c) Apresente os dados em uma tabela.
   d) Verifique se algum dos candidatos obteve maioria absoluta (50% +1)? A votação resultou em: Benedeti, Alice, Alice, Clóvis, Alice, Benedeti, Benedeti, Benedeti, Alice, Alice, Clóvis, Alice, Benedeti, Benedeti, Alice, Clóvis, Benedeti, Benedeti, Benedeti, Alice.
4. São dados os tipos de sangue de 40 doadores que se apresentaram no mês em um banco de sangue: B; A; O; A; A; A; B; O; B; A; A; AB; O; O; A; O; O; A; A; B; A; A; A; O; O; O; A; O; A; O; O; A; O; AB; O; O; A; AB; B; B. Coloque os dados em uma tabela de distribuição de frequências.
5. A avaliação final de 80 alunos que fizeram um curso de Estatística foi a seguinte: 25% receberam grau A, 70% grau B e 5% grau C. Quantos (frequência) alunos tiveram grau A?
6. Nos voos da ponte aérea Rio de Janeiro–São Paulo, o número de assentos desocupados durante um mês foi agrupado nas seguintes classes: de 0 até 4; de 5 até 9; de 10 até 14; de 15 até 19; 20 e mais. Com base nessa distribuição, é possível obter o número de voos em que:
   a) Havia menos 10 assentos desocupados?
   b) Mais de 14 desocupados?
   c) Pelo menos 5 assentos desocupados?
   d) Exatamente 9 assentos desocupados?

7. Perguntou-se aos alunos de uma classe qual seria o animal de estimação que eles próprios escolheriam. Os resultados foram: 19 gostariam de ter um cão, 13 um gato, 3 um papagaio, 2 um periquito, 2 uma tartaruga e um gostaria de ter um leão. Faça uma tabela de distribuição de frequências.
8. Na Tabela 1.11 estão os números de itens com defeitos ou não conformes gerados por dia, em uma empresa. Organize os dados em uma tabela de distribuição de frequências, sem agrupá-los.

Tabela 1.11 Resultado da contagem de itens com defeitos ou não conformes gerados por dia, em uma empresa

10	8	10	6	7
2	2	8	3	6
8	5	5	3	8
6	4	7	3	4
1	3	2	3	4

9. Em um condomínio com 100 residências, há 7 com 1 morador, 12 com 2 moradores, 23 com 3 moradores, 43 com 4 moradores, 8 com 5 moradores, 4 com 6 moradores e 3 com 7 moradores. Apresente os dados em uma tabela.
10. Suponha que o Inmetro decide verificar o comprimento do mega hair de 65 centímetros de determinado fabricante. Faz então uma busca aleatória em vários pontos de venda. Os comprimentos medidos (até 0,1cm) estão na Tabela 1.12.

Tabela 1.12 Comprimento, em centímetros, das unidades de *mega hair* examinadas

63,6	64,0	64,8	65,2
63,7	64,0	64,8	65,3
63,7	64,2	64,9	65,3
63,7	64,6	65,1	65,4
63,7	64,7	65,2	65,4

Construa uma tabela de distribuição de frequências.

11. Complete as frases
    a) Dados de contagem são ___________________(discretos ou contínuos).
    b) O número de vezes que ocorre determinado evento é chamado _________________ (frequência, frequência relativa, total).
    c) Dados sobre cor de cabelos e cor de olhos são ______________________ (ordinais, nominais, contínuos, discretos).
12. Falso ou verdadeiro?
    a) A frequência relativa de uma classe é obtida dividindo a frequência da classe pelo total.
    b) Estatística é a arte de apresentar gráficos.
13. As medidas do ponto de ebulição de determinada substância, medidos em graus Celsius, variam entre 136° e 168°. Indique os limites de cinco classes nas quais as medidas possam ser agrupadas[3].

3 FREUND, J. E.; SMITH, R. M. *Statistics: a first course*. 4. ed. Englewood: Prentice-Hall, 1986.

14. São dadas as notas de 19 alunos de um curso. As notas, que variam entre 0 e 10, são fornecidas aos alunos na forma de conceito. Organize os dados em uma tabela de distribuição de frequências. Os conceitos são dados da seguinte maneira: de 0 a 5: D (reprovado); de 5, inclusive, a 7 (exclusive) C; de 7, inclusive, a 9, exclusive; B; maior que 9, A.

7	8	6	5	6	4	7	10	7	8	8	3	8	9	10

15. Uma fábrica vem recebendo queixas do pessoal que armazena os produtos sobre a condição das embalagens[4]. Eles alegam que grande parte das embalagens tem defeitos, o que está criando problemas para os funcionários. O gerente pega, então, uma amostra aleatória dos produtos já embalados para exame. Os dados obtidos estão na Tabela 1.12.

a) Construa uma tabela de distribuição de frequências.

b) Você acha que os funcionários têm razão nas queixas?

Tabela 1.13 Resultados do exame das embalagens

Amassada	Sem defeito	Sem defeito	Amassada	Sem defeito
Sem defeito	Cortada	Amassada	Sem defeito	Sem defeito
Não fechada	Sem defeito	Sem defeito	Sem defeito	Sem defeito
Sem defeito	Sem defeito	Sem defeito	Sem defeito	Sem defeito
Sem defeito	Sem defeito	Sem defeito	Amassada	Sem defeito

16. Os resultados dos itens produzidos durante uma semana em uma fábrica, por dois turnos diferentes, foram os seguintes: Turma A produziu 563 itens conformes e 151 itens não conformes; Turma B produziu 307 itens conformes e 85 itens não conformes[5]. Organize esses resultados em uma tabela, com apresentação da porcentagem de não conformes.

17. Os acidentes de trabalho em uma fábrica durante os três anos de atividade em condições relativamente constantes[6] estão na Tabela 1.14.

a) Em que dia da semana ocorreu maior porcentagem de acidentes?

b) Em que departamento?

Tabela 1.14 Acidentes de trabalho, segundo o dia da semana e o departamento

Departamento	Dia da semana				
	Segunda	Terça	Quarta	Quinta	Sexta
A	12	21	23	29	35
B	14	10	11	10	15
C	12	12	13	11	11
D	24	22	23	21	22

4 PELOSI, M.K.; SANDIFER, T. M. *Doing statistics for business*: data, inference and decision making. New York: Wiley, 2000. p. 72.

5 DUNCAN, A. J. *Quality control and industrial statistics*. 5. ed. Homewood: Irwin, 1986. p. 36.

6 Ibid.

18. A distribuição dos salários dos 200 funcionários, em R$ 1.000,00, de determinada carreira profissional em um órgão público está apresentada na Tabela 1.15.

Tabela 1.15 Distribuição dos salários dos 200 funcionários

Classe	Porcentagem
2 ⊢ 4	20,0
4 ⊢ 5	25,0
5 ⊢ 8	45,0
8 ⊢ 10	10,0
Total	100,0

O número de funcionários que possuem salários maiores ou iguais a R$ 4.000,00 e inferiores a R$ 8.000,00 é:

a) 60
b) 80
c) 90
d) 140
e) 160

19. Especifique o tipo das seguintes variáveis:

a) Número de ocorrências médicas em uma fábrica no ano.
b) Resistência à tração de metais em kgf/mm^2.
c) Ponto de ebulição de líquidos em graus centígrados.
d) Número de itens não conformes na produção do dia, em uma fábrica.
e) Força de tensão de fios de algodão em libras por polegada ao quadrado.
f) Número de carros vendidos por mês em uma concessionária.

20. Uma cidade de 10 mil habitantes[7] tem uma geração *per capita* de lixo de 0,76 kg/hab. dia, segundo o processo de amostragem. O único aterro da cidade recebe todo o lixo coletado, e o nível de atendimento atual dos serviços de coleta de lixo é de 82%. Com base nesses dados, a quantidade de lixo que atualmente vai para o aterro da cidade, em kg/dia, é:

a) 1.368
b) 1.558
c) 6.232
d) 7.600
e) 24.928

---

7 PROVAS. Petrobras.Técnico Ambiental Júnior. Fundação Cesgranrio. 2011. Centro de Seleção e de Promoção de Eventos, Universidade de Brasília. Disponível em: <www.aprovaconcursos.com.br/questoes-de-concurso/questao/230628>. Acesso em: 7 jul. 2017.

2 capítulo

Apresentação de dados em gráficos

Gráficos estatísticos são usados em jornais, em revistas e na televisão porque apresentam informação na forma de ilustrações, o que facilita a compreensão. Logo, é importante entender como os gráficos são construídos e o tipo de informação que podem fornecer.

Cada tipo de gráfico tem indicação específica, mas, de acordo com as normas brasileiras:

- Todo gráfico deve apresentar *título* e *escala*.
- O título deve ser colocado acima da ilustração.
- As *escalas* devem crescer da esquerda para a direita e de baixo para cima.
- As *legendas explicativas* devem ser colocadas, de preferência, à direita da figura[1].
- Os gráficos devem ser numerados, na ordem em que são citados no texto.

1 As publicações, em geral, referenciam os gráficos como figuras.

2.1. Apresentação de dados qualitativos

2.1.1 Gráfico de barras

O *gráfico de barras*[2] é um excelente recurso para apresentar dados qualitativos coletados em determinado momento, como as respostas de questionários.

EXEMPLO 2.1

Respostas a um questionário: opinião pública

Foram entrevistados 2.500 brasileiros com 16 anos ou mais, para conhecer a opinião deles sobre determinado técnico de futebol. Veja o que responderam: 1.300 achavam que o técnico era bom, 450 regular e 125 ruim; 625 não tinham opinião ou não quiseram opinar.
Na Tabela 2.1 estão as respostas dadas pelos entrevistados (primeira coluna), as frequências (segunda coluna) e as frequências relativas, em porcentagem (terceira coluna). Note que as frequências relativas somam 100%.

Tabela 2.1 Opinião dos brasileiros sobre determinado técnico de futebol

Respostas	Frequência	Frequência relativa (%)
Bom	1.300	52%
Regular	450	18%
Ruim	125	5%
Não sabe	625	25%
Total	2.500	100%

Para construir um *gráfico de barras*:

- Desenhe o eixo das abscissas (eixo horizontal) e nele apresente as categorias dadas na tabela de distribuição de frequências.
- Desenhe o eixo das ordenadas (eixo vertical) e nele marque uma escala para as frequências (ou frequências relativas em porcentagens).
- Desenhe barras verticais a partir de cada categoria que você escreveu na linha. Todas as barras devem ter a mesma largura. O comprimento da barra representa a frequência ou a frequência relativa (em porcentagem) de cada categoria.
- Coloque rótulos para identificar cada categoria representada por uma coluna.
- Coloque nome nos eixos e título na figura.

Para facilitar a leitura das frequências ou das porcentagens de cada categoria, podem ser feitas linhas auxiliares (grades), a partir das marcações na escala do eixo

2 No Excel, o gráfico de barras em posição vertical é denominado gráfico de colunas. No entanto, o nome técnico é gráfico de barras.

das ordenadas. Nos exemplos 2.2 e 2.3, as linhas foram marcadas em múltiplos de 200. *Não* use muitas linhas porque o gráfico pode ficar visualmente carregado.

Fica mais fácil ler porcentagens escritas acima ou dentro das barras. Em geral, os jornais e revistas escrevem as porcentagens sobre as barras, para facilitar a compreensão da situação, como nos exemplos 2.4 e 2.5.

EXEMPLO 2.2

Gráfico de barras

Com os dados apresentados na Tabela 2.1, foi feito um gráfico de barras.

Figura 2.1 Opinião dos brasileiros sobre um técnico de futebol

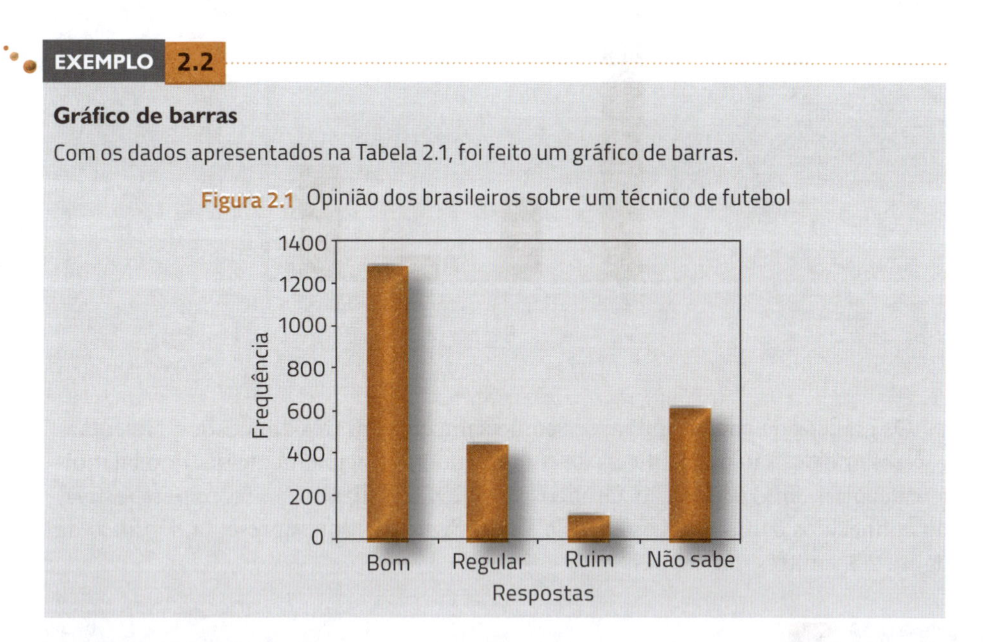

EXEMPLO 2.3

Gráfico de barras com grades

Figura 2.2 Opinião dos brasileiros sobre um técnico de futebol

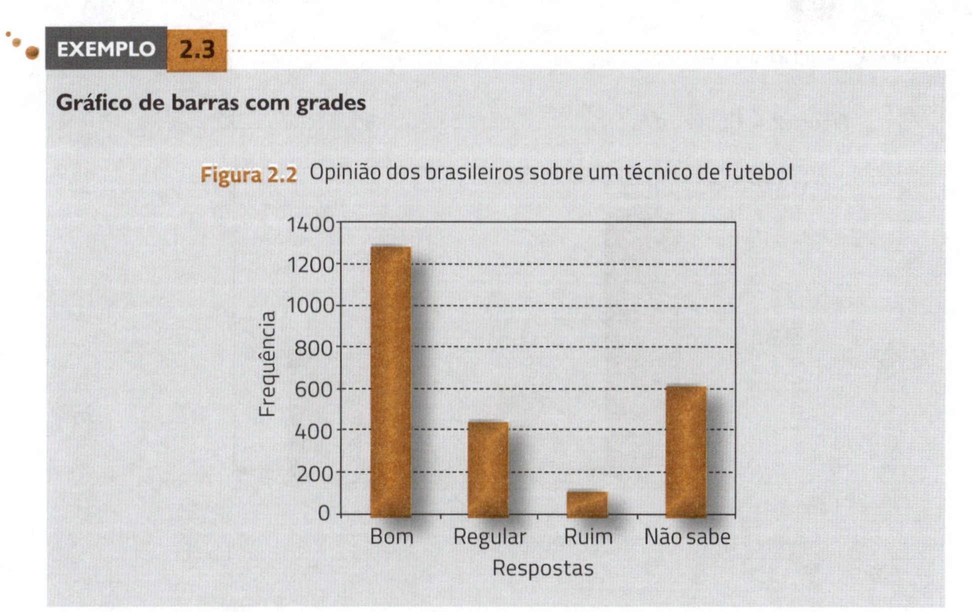

EXEMPLO 2.4

Gráfico de barras com as porcentagens nas barras

Figura 2.3 Opinião dos brasileiros sobre determinado técnico de futebol

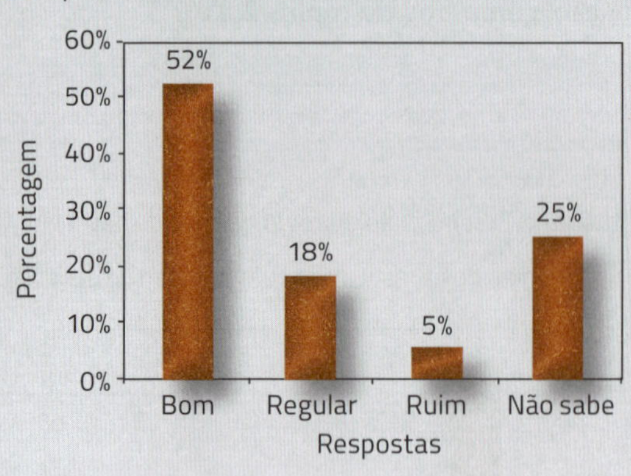

Os gráficos de barras podem ser confeccionados em três dimensões. No entanto, esses gráficos são mais difíceis de compreender, principalmente quando há muitas categorias em comparação. Gráficos feitos em três dimensões (com perspectiva) são conhecidos como gráficos em 3D. Veja a Figura 2.4, que apresenta o gráfico da Figura 2.3, em três dimensões.

EXEMPLO 2.5

Gráfico de barras em 3D

Figura 2.4 Opinião dos brasileiros sobre determinado técnico de futebol

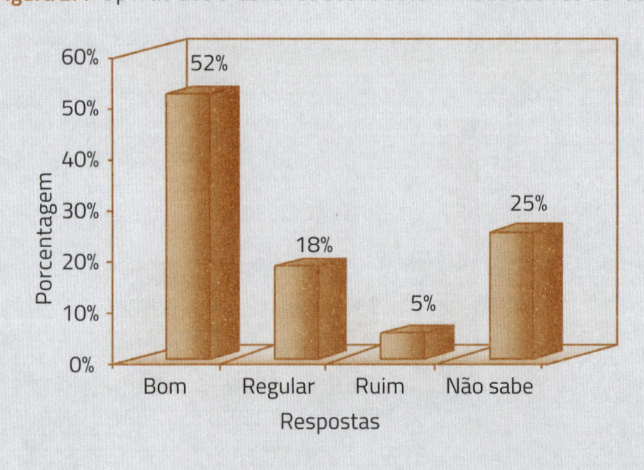

O gráfico de barras também pode ser apresentado com as barras na posição horizontal. As barras na posição horizontal facilitam a leitura, principalmente nos casos em que as categorias têm nomes extensos, como no Exemplo 2.6.

EXEMPLO 2.6

Gráfico de barras na posição horizontal

Foi perguntado a 2.000 proprietários de pequenas empresas seu principal motivo de falência, considerando que suas empresas faliram antes de completar dois anos de existência. Veja o que responderam: 482 alegaram falta de capital de giro, 320 alegaram carga tributária elevada, 160 disseram que era por falta de clientes, 142 falaram sobre a concorrência, 122 alegaram baixa lucratividade e 774 lembraram outros motivos. Vamos organizar esses dados em uma tabela de distribuição de frequências e construir um gráfico de barras, na horizontal.

Tabela 2.2 Principal motivo da falência, segundo proprietários de 2.000 pequenas empresas criadas no Brasil, que faliram antes de completar dois anos de existência

Motivos da falência	Frequência	Frequência relativa
Falta de capital de giro	482	0,241
Carga tributária elevada	320	0,160
Falta de clientes	160	0,080
Concorrência	142	0,071
Baixa lucratividade	122	0,061
Outras respostas	774	0,387
Total	2.000	1,000

Figura 2.5 Principal motivo da falência, segundo proprietários de 2.000 pequenas empresas criadas no Brasil, que faliram antes de completar dois anos de existência

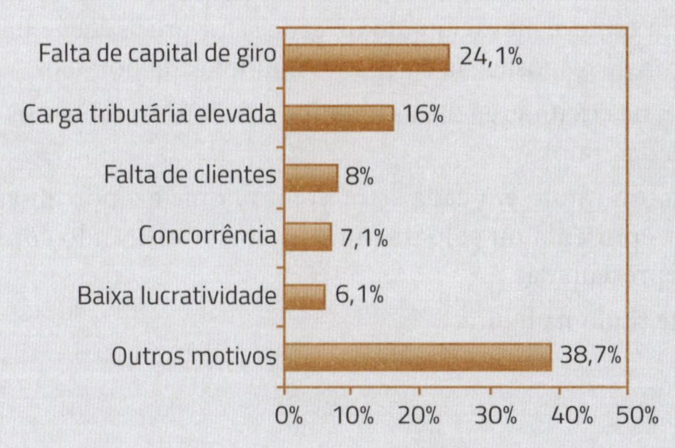

- O gráfico de barras mostra o aspecto de uma distribuição de dados, nominais ou ordinais. Cada categoria da variável é apresentada por meio de retângulos de mesma largura. O comprimento de cada retângulo (e, portanto, a área) é proporcional à frequência (ou frequência relativa, em porcentagem) da categoria.

2.1.2 Gráfico de setores

Os *gráficos de setores* são especialmente úteis para mostrar como se divide o todo. São popularmente conhecidos como *gráfico de pizza*, em razão do seu aspecto, dividida em fatias. Cada fatia é uma parte do todo.

EXEMPLO 2.7

Categorias de um todo

Perguntou-se a 15 mil trabalhadores domésticos se possuíam carteira de trabalho assinada. As respostas foram 9.465 "não" e 5.535 "sim". Vamos organizar esses dados em uma tabela de distribuição de frequências e em um gráfico de setores.

Tabela 2.3 Distribuição dos trabalhadores domésticos, conforme o porte de carteira assinada

Trabalhador doméstico	Frequência	Frequência relativa
Sem carteira	9.465	0,631
Com carteira	5.535	0,369
Total	15.000	1,000

Para fazer um gráfico de setores:

- Trace uma circunferência. Essa circunferência representará o total, ou seja, 100%.
- Divida a circunferência em tantos setores quantas são as categorias da variável em estudo, mas o ângulo de cada setor precisa ser calculado: é igual à *proporção* de respostas na categoria, multiplicada por 360°.
- Marque, na circunferência, os ângulos calculados; separe os ângulos com o traçado dos raios.
- Escreva um rótulo em cada setor com o nome e a porcentagem da categoria que representa ou coloque uma legenda mostrando como as categorias estão representadas.
- Coloque título na figura.

EXEMPLO 2.8

Gráfico de setores

Para fazer o gráfico de setores para os dados apresentados no Exemplo 2.7, é preciso calcular o ângulo de cada setor.

Para os "sem carteira", calcule o ângulo:

$$0,631 \times 360 = 227,16$$

e para os "com carteira", calcule:

$$0,369 \times 360 = 132,84$$

Figura 2.6 Distribuição dos trabalhadores domésticos conforme o porte de carteira assinada

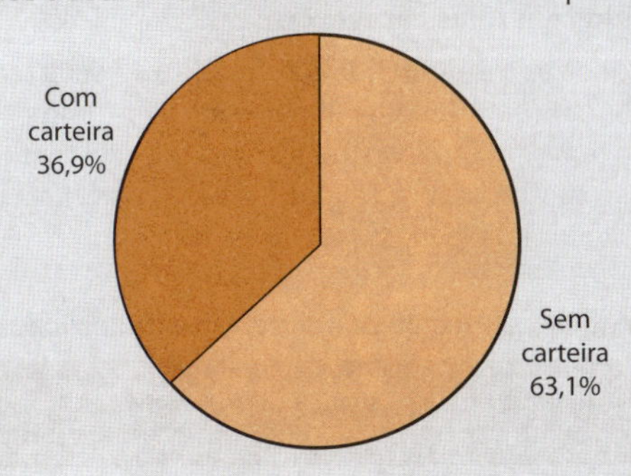

Os gráficos de setores podem ser feitos em três dimensões. Embora tenham aparência mais elaborada, esse tipo de apresentação, que aparece em muitas revistas, deve ser evitado porque dificulta o entendimento e a comparação das frequências relativas das categorias.

EXEMPLO 2.9

Gráfico de setores em 3D

Figura 2.7 Distribuição dos trabalhadores domésticos conforme o porte de carteira assinada

- É mais fácil comparar comprimentos de barras do que ângulos de gráficos de setores (pizza). Por isso, desenhe gráficos de setores somente quando o número de categorias for pequeno.
- O gráfico de setores é uma maneira de mostrar como um todo (representado pela circunferência) se divide em partes (os setores). Cada setor representa uma dada categoria da variável nominal. A área de cada setor é proporcional ao número de casos na categoria.

2.1.3 Gráfico retangular de composição

O gráfico retangular de composição ou gráfico de colunas empilhadas é uma alternativa para o gráfico de setores, porque também mostra o todo dividido em partes. É constituído por um retângulo com subdivisões, em que cada subdivisão representa uma categoria da variável.

Esse tipo de gráfico deve ser usado para comparar dois grupos, que estejam subdivididos nas mesmas categorias, como mostra o Exemplo 2.10.

EXEMPLO 2.10

Dois grupos subdivididos em duas categorias

Na Tabela 2.4 são fornecidos os resultados do controle de qualidade feito nos itens produzidos durante uma semana por uma empresa que trabalha em dois turnos[3]. Note a diferença no total produzido[4]. Logo, não tem sentido comparar o número de não conformes. É preciso comparar a porcentagem de não conformes produzidos em cada turno. Veja como essa comparação é visível no gráfico de colunas empilhadas.

Tabela 2.4 Resultados do controle de qualidade

Turma	Itens produzidos			
	Nº de não conformes	Nº de conformes	Total	Porcentagem
A	151	563	714	21,1%
B	85	307	392	21,7%

Para desenhar um gráfico retangular de composição:

- Trace dois retângulos de mesmo tamanho, um para representar os resultados da produção da turma A e outro para representar os resultados da produção da turma B, em porcentagem.
- Os dois retângulos devem ter o mesmo tamanho, porque ambos representam 100% dos dados.
- Marque as porcentagens calculadas nos respectivos retângulos.
- Para facilitar a distinção das diferentes partes, use padrões ou cores diferentes.
- Coloque título e legenda na figura.

3 DUNCAN, A. J. *Quality control and industrial statistics*. 5. ed. Homewood: Irwin, 1986. p. 36

4 A diferença na produção dos turnos precisa ser explicada pela quantidade de horas trabalhadas, ou pelo número de trabalhadores em cada turno, ou por melhores condições de trabalho e assim por diante.

EXEMPLO 2.11

Gráfico retangular de composição

Com os dados da Tabela 2.4, pode ser desenhado o gráfico retangular de composição da Figura 2.8. O gráfico deixa claro que, nos dois turnos, os itens não conformes ocorrem em proporções praticamente iguais.

Figura 2.8 Resultados do controle de qualidade

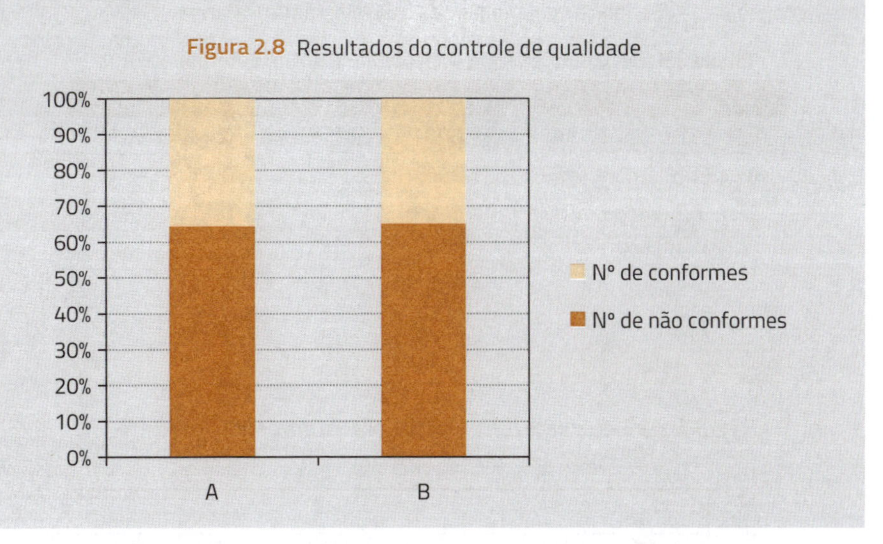

2.1.4 Diagrama de Pareto

O *diagrama de Pareto* é um gráfico de *barras ordenadas*, das mais altas para as mais baixas. As categorias da variável ficam, portanto, ordenadas de acordo com as frequências, porque o comprimento da barra é dado pela frequência da categoria. O diagrama de Pareto é usado em gestão de qualidade quando se procuram os erros mais comuns, os motivos das perdas, as causas das reclamações.

Nesses casos, é preciso trabalhar nas barras mais altas, isto é, sanar os erros que ocorrem com grande frequência. As barras mais baixas, embora possam ser muitas, indicam erros eventuais ou erros de menor ocorrência. Por essa razão se cunhou a expressão "poucos são vitais, muitos são triviais".

O diagrama de Pareto apresenta a ordem em que devem ser sanados os erros, reduzidas as perdas, solucionadas as reclamações. Diz-se, por isso, que o diagrama de Pareto estabelece prioridades, ou seja, mostra em que ordem devem ser atacados os problemas. No entanto, o diagrama de Pareto também pode ser usado para identificar as causas de sucesso, como as causas do aumento das vendas de um produto.

EXEMPLO 2.12

Diagrama de Pareto

As reclamações no Procon, em determinado ano, foram enquadradas em algumas áreas. Veja a distribuição: 120 reclamações sobre assuntos relacionados à habitação, 600 sobre serviços, 345 na área financeira, 315 sobre produtos, 105 sobre saúde e 15 sobre alimentos. Vamos fazer uma tabela de distribuição de frequências e um diagrama de Pareto.

Tabela 2.5 Reclamações no Procon por área em um determinado ano

Área	Frequência	Frequência relativa
Serviços	600	0,40
Assuntos financeiros	345	0,23
Produtos	315	0,21
Habitação	120	0,08
Saúde	105	0,07
Alimentos	15	0,01
Total	1.500	1,00

Figura 2.9 Reclamações no Procon por área em determinado ano

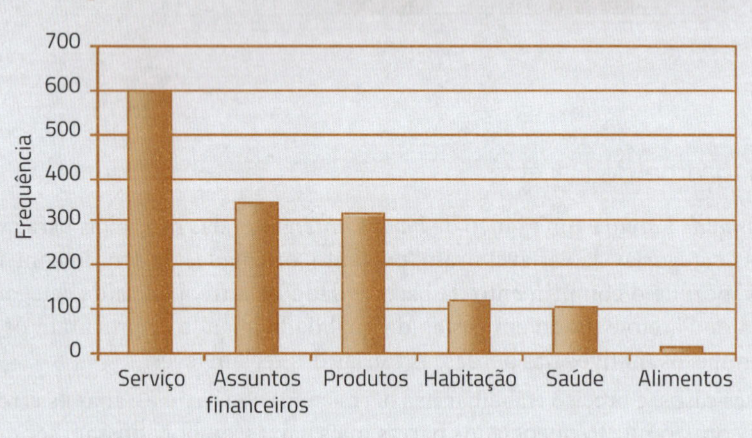

- O diagrama de Pareto é um gráfico de barras ordenadas, usado em gestão de qualidade para mostrar a ordem em que devem ser sanadas causas de perdas, de reclamações ou de outros tipos de fracasso.

2.2 Apresentação de dados numéricos

2.2.1 Diagrama de pontos

Dados numéricos também podem ser apresentados em *tabelas de distribuição de frequências*. Se os dados são *discretos*, as tabelas de distribuição de frequências apresentam valores numéricos em ordem natural.

EXEMPLO 2.13

Dados discretos

A ausência de 30 funcionários de uma empresa, em determinado trimestre, está relacionada na Tabela 2.6. A partir dela, vamos organizar uma tabela de distribuição de frequências.

Tabela 2.6 Número de ausências de 30 funcionários de uma empresa no trimestre

1	3	1	1	0	1	0	1	1	0
2	2	0	0	0	1	2	1	2	0
0	1	6	4	3	3	1	2	4	0

Tabela 2.7 Distribuição do número de ausências de 30 funcionários de uma empresa no trimestre

Nº de ausências	Frequência	Frequência relativa
0	9	0,333
1	10	0,333
2	5	0,167
3	3	0,100
4	2	0,067
5	0	0,000
6	1	0,033
Total	30	1,000

Para apresentar graficamente uma distribuição de frequências de dados discretos, crie um *diagrama de pontos*.

Para criar um diagrama de pontos:

- Desenhe o eixo das abscissas (horizontal) e escreva no eixo os valores assumidos pela variável em estudo, identificando a escala.
- Desenhe o eixo das ordenadas (vertical) e marque uma escala para as frequências. Este eixo pode ser apagado posteriormente.
- Faça um ponto para representar cada dado.
- Escreva a legenda e coloque título na figura.

EXEMPLO 2.14

Diagrama de pontos

Com os dados que estão na Tabela 2.7, pode ser desenhado o diagrama de pontos da Figura 2.10.

Figura 2.10 Ausências de funcionários

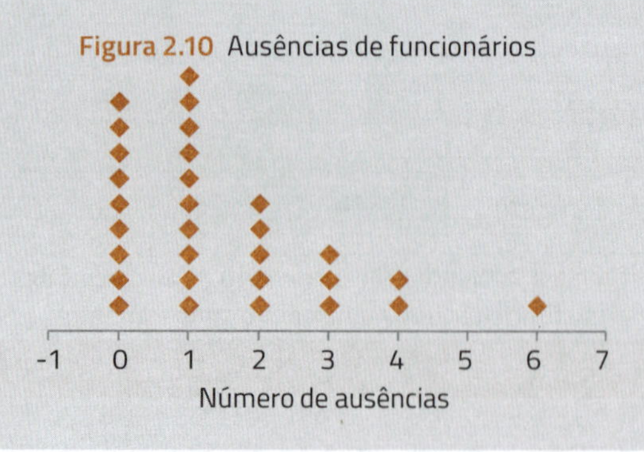

- O diagrama de pontos mostra o aspecto de uma distribuição de dados discretos. Os pontos representam os valores assumidos pela variável.

2.2.2 Histograma

Quando os dados são contínuos e a amostra é grande, não se deve fazer um gráfico de pontos. É mais conveniente condensar os dados, organizando uma tabela de distribuição de frequências[5] e construir um *histograma.*

O histograma é constituído por retângulos que têm base no intervalo de classe e área proporcional às frequências ou às frequências relativas (porcentagens) de cada classe. A área total sob o histograma é igual à soma das frequências, ou 100%.

Para construir um histograma:

- Trace o sistema de eixos cartesianos.
- Apresente as classes no eixo das abscissas. Se os intervalos de classe forem *iguais*, trace barras retangulares com bases iguais, que correspondam aos intervalos de classe.
- Desenhe as barras com alturas iguais às frequências (ou às frequências relativas) das respectivas classes. As barras devem ser *justapostas* para evidenciar a natureza contínua da variável.
- Coloque nome nos dois eixos e título na figura.

5 De preferência, crie tabelas de frequência com intervalos iguais. Caso os intervalos de classe sejam diferentes, não é possível criar o histograma como descrito aqui. Consulte textos mais avançados.

- *histograma* é uma forma de mostrar a distribuição dos dados, apresentando-os sob a forma de barras justapostas sobre um eixo. Cada barra representa uma classe, ou um grupo de unidades.
- Para criar um histograma quando as classes têm tamanhos diferentes, devem ser realizados determinados cálculos que não serão abordados neste livro.

EXEMPLO 2.15

Um gráfico para uma tabela de distribuição de frequências

Para dar uma ideia geral sobre os valores, em reais, depositados em contas de poupança que aniversariaram no dia 1° de junho de determinado ano, o gestor do banco criou um histograma, a partir dos dados apresentados em uma tabela de distribuição de frequências.

Tabela 2.8 Distribuição dos valores, em reais, depositados em contas de poupança que aniversariaram no dia 1° de junho de determinado ano

Classe	Frequência
0,00 ⊣ 7.500,00	55
7.500,00 ⊣ 15.000,00	21
15.000,00 ⊣ 22.500,00	7
22.500,00 ⊣ 30.000,00	2
30.000,00 ⊣ 37.500,00	2
37.500,00 ⊣ 45.000,00	3
45.000,00 ⊣ 52.500,00	4
52.500,00 ⊣ 60.000,00	4

Figura 2.11 Distribuição dos valores, em reais, depositados em contas de poupança que aniversariaram no dia 1° de junho de determinado ano

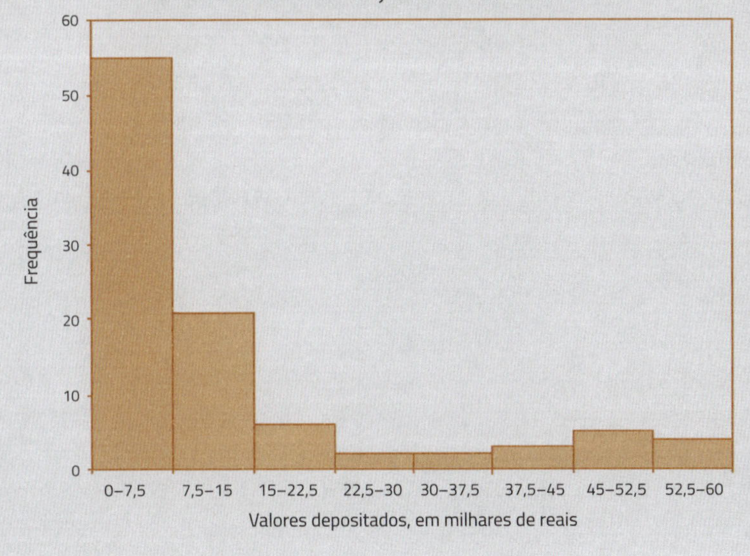

2.2.3 Diagrama de ramo e folhas

Se você tiver dados contínuos, em quantidade não muito grande (digamos entre 25 e 100), pode fazer o *diagrama de ramo e folhas*, que mostra bem a forma da distribuição. O diagrama é constituído de duas partes, o ramo e as folhas, nos quais os números estão ordenados. Os primeiros dígitos dos dados numéricos são os ramos e os últimos dígitos são as folhas.

Vamos começar construindo um diagrama de ramo e folhas considerando que os dados são números menores do que 100. Então:

- Organize os dígitos correspondentes às dezenas em ordem crescente, em coluna. Esses dígitos formam o ramo.
- Faça um traço vertical, à direita desses dígitos.
- Escreva os dígitos das unidades, que serão as folhas, à direita do traço, na linha correspondente à sua dezena.
- Organize os dígitos das unidades, que são as folhas, em ordem crescente.
- Coloque título na figura.

EXEMPLO 2.16

Diagrama de ramo e folhas

Para ter uma ideia da distribuição das idades de seus funcionários, um empresário organizou os dados apresentados na Tabela 2.9 em um diagrama de ramos e folhas.

Tabela 2.9 Idades dos funcionários de uma empresa

25	21	31	30	32
36	37	26	22	31
42	46	24	27	59
18	22	20	29	30
19	51	41	30	19

Para fazer o diagrama, escrevemos as dezenas, em ordem crescente, e fazemos um traço vertical.

1
2
3
4
5

Depois colocamos as unidades dos números em linha, na frente de cada dezena.

1	8	9	9						
2	5	1	6	2	4	7	2	0	9
3	1	0	2	6	7	1	0	0	
4	2	6	1						
5	9	1							

Ordenamos, então, as unidades.

Figura 2.12 Diagrama de ramo e folhas para a distribuição das idades dos funcionários de uma empresa

1	8	9	9						
2	0	1	2	2	4	5	6	7	9
3	0	0	0	1	1	2	6	7	
4	1	2	6						
5	1	9							

Se você girar o diagrama, terá o esqueleto de um histograma.

Figura 2.13 Histograma sobre um diagrama de ramo e folhas para a distribuição das idades dos funcionários de uma empresa

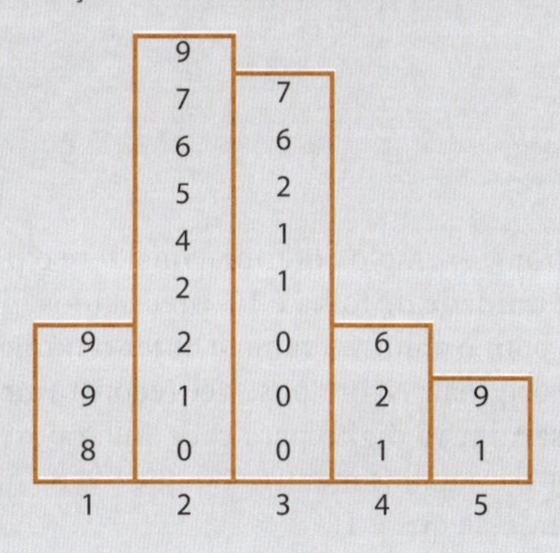

Da maneira como foi explicado, parece que o diagrama de ramo e folhas só pode ser feito para dados cujos valores não atingem a centena. Isso foi feito para facilitar a explicação. Mas você pode fazer o diagrama para valores maiores, dividindo os números em duas partes. Veja o Exemplo 2.17.[6]

6 O exemplo foi extraído de ANDERSON, D. R.; SWEENEY, D. J; WILLIAMS, T. A. *Estatística aplicada à administração e economia*. 2. ed. São Paulo: Cengage Learning, 2009.

EXEMPLO 2.17

Um diagrama de ramo e folhas

Na Tabela 2.10 é fornecida a quantidade de hambúrgueres vendidos por uma lanchonete em 15 semanas. Vamos desenhar um diagrama de ramos e folhas.

Tabela 2.10 Número de hambúrgueres vendidos por uma lanchonete

1.565	1.852	1.644	1.766	1.888
1.912	2.044	1.812	1.790	1.679
2.008	1.852	1.967	1.954	1.733

No diagrama de ramo e folhas da Figura 2.14, as centenas são o ramo e as dezenas são as folhas. Isso deve ficar explícito no diagrama. Pode ser escrito ao lado ou abaixo do diagrama, ou, então:

Legenda: 15/6 = 1.560
Chave: 15/6 significa 1.560

Figura 2.14 Diagrama de ramo e folhas para a distribuição do número de hambúrgueres vendidos por uma lanchonete

15	6			
16	4	7		
17	3	6	9	
18	1	5	5	8
19	1	5	6	
20	0	4		

Para entender melhor o exemplo anterior, considere o primeiro ramo, isto é, 15, e a folha 6. Como a unidade de folha é 10, precisamos multiplicar 6 (a folha) por 10, para combinar com o valor do ramo e obter o número 1.560, que é uma aproximação do dado original. Não é possível reconstituir os dados originais, mas a convenção de usar um só dígito para cada folha possibilita o uso do diagrama de ramo e folhas para dados maiores do que 99. Se não for apresentada a unidade da folha, entende-se que é 1.

O diagrama de ramo e folhas separa cada número em dois grupos, ramo e folhas, mas os apresenta em ordem crescente, de forma a facilitar a visualização da distribuição.

EXERCÍCIOS

1. Um escritório que presta consultoria em administração levantou os tempos de espera de pacientes que chegam a uma clínica de ortopedia para atendimento de emergência. Foram coletados os tempos, em minutos, durante uma semana. Faça um gráfico de pontos e comente.

2	5	10	11	3	14	8	8	7	12	3	4	7	3	4	2	4	6	7	4	18	5

2. Um restaurante tem pronto um questionário que apresenta a todo cliente adulto solicitando informações sobre a qualidade do atendimento dos garçons, das refeições, das bebidas, do ambiente. A escala de avaliação é ótimo (O), bom (B), regular (R), fraco (F). Faça um gráfico de barras para apresentar as avaliações no item "Qualidade de atendimento dos garçons", apresentadas em seguida:

B	R	O	R	B	B	B	O	B	O	F	R	O	O	O	O	R	O	R	B	R	O

3. É fornecido o tempo de uso, em horas, de computadores domésticos por pessoas com 12 anos e mais, durante um mês. Faça uma tabela de distribuição de frequências e crie um histograma. Comente o que mostra o gráfico sobre uso de computadores em casa.

Tabela 2.11 Tempo de uso de computadores domésticos, em horas, por pessoas com 12 anos e mais, durante uma semana

10,8	4,7	3,1	0,7	4,1	3,3	3,5	5,4	3,7	3,4
7,2	3,9	5,7	12,1	4,1	7,1	11,1	14,8	3,0	5,9
6,1	3,7	4,4	12,9	8,8	10,3	4,1	2,0	6,1	10,4
5,7	3,1	9,2	9,5	5,6	6,2	3,9	4,8	1,6	1,5
5,9	6,1	4,0	2,8	4,3	7,6	4,2	3,1	5,7	4,1

4. Um instituto de pesquisa perguntou, por telefone, a 1.005 pessoas com mais de 30 anos, moradoras de cinco grandes capitais: "Como o(a) senhor(a) descreve seu estado de saúde neste momento?". As categorias de resposta eram: 1. Excelente; 2. Bom; 3. Razoável; 4. Ruim; 5. Sem opinião. Que tipo de gráfico você faria para exibir as respostas? Dos consultados, 20% disseram ter excelente saúde. Quantas pessoas disseram ter excelente saúde?

5. O relatório semanal do supervisor de uma sala de máquinas fornece a produção de cada máquina nos dois turnos. A produção de uma dessas máquinas durante uma semana é apresentada na Tabela 2.12. Disponha os dados em uma tabela de fácil visualização desses dados e depois em gráfico de barras.

Tabela 2.12 Número de itens produzidos por uma máquina, nos dois turnos – manhã (M) e tarde (T) – da semana

2ª		3ª		4ª		5ª		6ª	
M	T	M	T	M	T	M	T	M	T
39	35	34	28	41	40	36	35	39	36

6. São feitas propagandas de diferentes produtos na televisão. As pessoas gostam da propaganda? Elas são eficientes? Uma empresa quer saber quanto os consumidores jovens gostam da propaganda de determinado produto e até que ponto são influenciados por ela. Realiza então uma pesquisa de opinião em oito capitais. Das 1.084 pessoas entrevistadas, foram obtidas as seguintes respostas:

a) Para a questão "Gostou da propaganda?", 258 responderam "Adorei"; 429, "Gostei"; 352, "Não me interessei"; 45, "Odiei";

b) Para a questão "Acha que a propaganda faz os jovens usar o produto?", 322 reponderam "Com certeza"; 430, "Pode ser"; 302, "Não sei"; 30, "Não". Faça tabelas e crie gráficos.

7. É fornecida a duração em horas de 50 lâmpadas na Tabela 2.13. Crie um gráfico de ramos e folhas.

Tabela 2.13 Duração, em horas, de lâmpadas

73	73	74	83	75
64	77	91	68	89
92	79	76	72	76
85	94	83	67	69
64	63	66	92	93
82	59	68	89	84
89	62	61	82	80
63	71	73	96	87
63	81	72	77	67
73	65	76	102	85

8. Com os dados da Tabela 2.14, crie um diagrama de Pareto.

Tabela 2.14 Reclamações sobre uma companhia telefônica

Tipo de reclamação	Frequência
Não entrega produto ou serviço	1.062
Problemas relativos a contratos	383
Não presta serviços	227
Cobrança indevida	178
Dificuldade em efetuar pagamento	17
Total	1.867

9. Com os dados da Tabela 2.15, crie:

a) Um gráfico de barras.

b) Um gráfico de setores.

Tabela 2.15 Percentual do total de faturamento, segundo o tipo de vendas, em uma empresa de informática

Tipo de vendas	Percentual
Computadores	35
Software	23
Assistência técnica	15
Redes	14
Outros serviços	13
Total	100

10. Crie um gráfico de barras com os dados apresentados na Tabela 2.16.

Tabela 2.16 Principal causa do sucesso de uma empresa, segundo pequenos empresários

Causa do sucesso	Frequência	Frequência relativa
Presença de um bom administrador	528	0,44
Bom conhecimento do mercado	312	0,26
Dinheiro próprio	204	0,17
Perseverança do dono	84	0,07
Aproveitamento das oportunidades	60	0,05
Capacidade de correr riscos	12	0,01
Total	1.200	1,00

11. Complete as frases:

a) Um gráfico de setores pode ser usado para apresentar dados ________________ (qualitativos ou quantitativos).

b) No histograma não devem existir ________________ (espaços ou números) entre as barras.

c) Pode ser usado um ________________ (histograma ou gráfico de barras) para apresentar graficamente dados quantitativos.

12. Falso ou verdadeiro?

a) A soma de todas as frequências relativas de uma distribuição é igual a 1.

b) O histograma pode ser usado para apresentar dados nominais.

13. Imagine uma caixa com miçangas de cores diferentes (vermelhas, brancas e azuis) e tamanhos diferentes (grandes e pequenas)[7]. Que tipo de gráfico você faria para mostrar a distribuição das miçangas?

---

7 DUNCAN, A. J. *Quality control and industrial statistics*. 5. ed. Homewood: Irwin, 1986. p. 17.

14. É dada a distribuição de frequências para resistência ao cisalhamento de soldas a ponto[8]. Desenhe um histograma.

Tabela 2.17 Resistência ao cisalhamento, em libras, de soldas a ponto

Classe	Frequência
137,5 ⊢ 141,5	2
141,5 ⊢ 145,5	4
145,5 ⊢ 149,5	19
149,5 ⊢ 153,5	35
153,5 ⊢ 157,5	17
157,5 ⊢ 161,5	12
161,5 ⊢ 165,5	5
Total	94

15. O fabricante de um semicondutor produz dispositivos para a unidade central de processamento de computadores pessoais[9]. A velocidade dos dispositivos (em megahertz) é importante porque é determinante do preço. Na Tabela 2.18 são dadas as velocidades medidas em 35 unidades. Construa um diagrama de ramo e folhas e comente o que você notar. Que porcentagem dos dispositivos tem velocidade maior que 700 megahertz?

Tabela 2.18 Velocidade de dispositivos para a unidade central de processamento de computadores pessoais, em megahertz

Velocidade				
680	663	700	690	683
669	658	718	694	735
719	634	690	660	688
699	720	681	649	704
670	690	702	675	672
710	677	696	701	698
722	669	692	721	659

16. A proprietária de uma butique registrou toda e qualquer queixa das compradoras, durante o período de Natal. Os dados estão na Tabela 2.19. Desenhe um diagrama de Pareto.

8 DUNCAN, A. J. *Quality control and industrial statistics*. 5. ed. Homewood: Irwin, 1986. p. 17.

9 *Steam and leaf diagram*. Disponível em: <http://www.chegg.com/homework-help/>. Acesso em: 13 jun. 2017.

Tabela 2.19 Queixas de compradoras sobre a butique

Queixas	Frequência
Difícil estacionar	92
Vendedoras rudes	45
Provadores sem luz	40
Poucos tamanhos	36
Modelos antigos	18

17. Na Tabela 2.20 estão os tempos de espera, em minutos, dos pacientes para serem atendidos em um consultório médico que atende com hora marcada. Desenhe um diagrama de pontos. O que você acha?

Tabela 2.20 Tempo de espera, em minutos, dos pacientes para serem atendidos em um consultório médico que atende com hora marcada

Tempo de espera			
23	21	13	8
42	21	21	40
11	30	21	11
11	54	21	11
5	69	3	30
5	5	3	5

18. O histograma dado em seguida apresenta a distribuição dos rendimentos de 200 funcionários, em salários mínimos, de determinada carreira profissional em um órgão público. No eixo das abscissas está o ponto médio de cada classe. Qual é a porcentagem de funcionários que recebe 10 ou mais salários mínimos?

Figura 2.15 Distribuição dos rendimentos de 200 funcionários, em salários mínimos

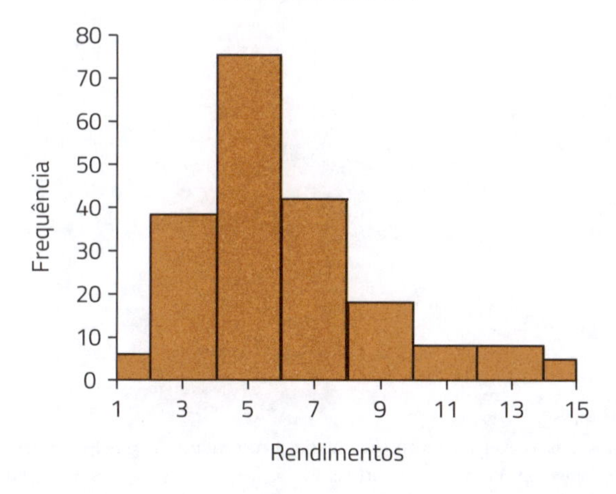

19. Faça[10] um diagrama de ramo e folhas com os seguintes dados:

23,3	24,1	24,8	24,8	25	25,3	25,6	25,9	26,3	26,2	27,1

20. Considere os gráficos apresentados a seguir[11], referentes à distribuição da população brasileira segundo a cor, em dois censos, separados por praticamente um século. Qual a cor que, percentualmente, mais aumentou na população brasileira?

a) Parda.
b) Preta.
c) Amarela.
d) Branca.
e) Nenhuma.

Figura 2.16 Distribuição da população brasileira, segundo a cor nos censos de 1890 e 1991

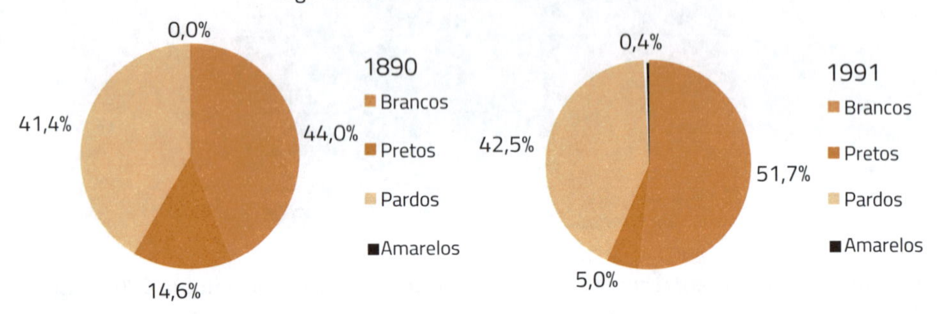

10 *Steam and leaf diagram*. Disponível em: <http://www.chegg.com/homework-help/>. Acesso em: 27 jun. 2017.
11 População negra no Brasil. Disponível em: <https://www.google.com.br/?gws_rd=ssl#q=ibge+porcentagem+popula%C3%A7%C3%A3o+negra+brasil>. Acesso em: 27 jun. 2017.

Medidas de tendência central

Para entender as características gerais de um conjunto de dados, as pessoas preferem olhar uma figura. Como diz o ditado popular: "uma imagem vale por mil palavras". Daí a importância dos métodos gráficos descritos no Capítulo 2. Muitas vezes, porém, é preciso fornecer um resumo dos dados. Isso pode ser feito por meio das *medidas de tendência central*, que dão ideia do centro em torno do qual os dados se distribuem.

EXEMPLO 3.1

Tendência central

Observe a Tabela 3.1 e a Figura 3.1: os dados estão aglomerados em torno dos números 37 e 38. Essa é a *tendência central* dos dados.

Tabela 3.1 Numeração dos calçados femininos mais vendidos em determinado dia, em uma loja

37	39	40	36
36	35	38	33
38	39	37	34
38	38	37	37
36	34	37	39

Figura 3.1 Numeração dos calçados femininos mais vendidos em determinado dia, em uma loja, em ordem crescente

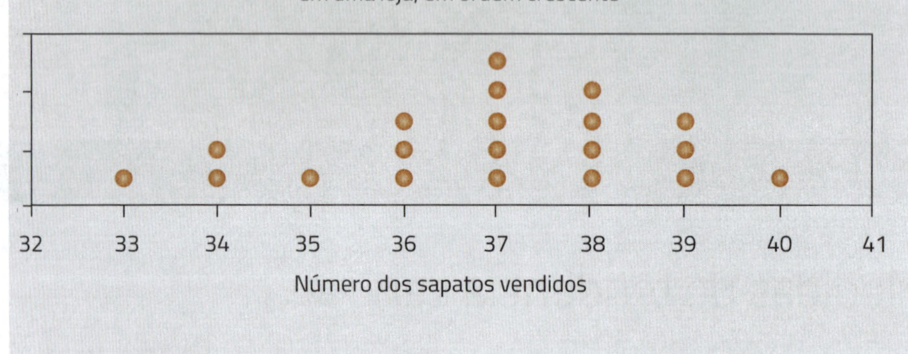

Para descrever a tendência central dos dados, calculamos *média, mediana e moda*. Mas antes de estudar essas medidas, precisamos apresentar alguns símbolos matemáticos.

3.1 Símbolos matemáticos

Para representar n valores de uma variável, escrevemos:

$$x_1, x_2, x_3, \ldots x_i, \ldots x_n$$

O subscrito indica a posição do valor na sequência. Portanto x_1 representa o primeiro valor observado, x_2 representa o segundo e assim por diante; x_i é o i-ésimo valor no conjunto de n valores.

EXEMPLO 3.2

Indicação dos valores assumidos por uma variável

É fornecido o tempo, em dias, despendido em cinco auditorias de uma empresa, durante um final de ano: 10; 13; 15; 23; 9. Usando símbolos matemáticos para representar os dados, escrevemos:

$$x_1 = 10;\ x_2 = 13;\ x_3 = 15;\ x_4 = 23;\ x_5 = 9.$$

O último subscrito – no caso, 5 – dá o tamanho da amostra.

Para indicar a soma dos n valores assumidos pela variável x_i, usamos a letra grega Σ (chamada sigma), que se lê "somatório de", e escrevemos:

$$\sum x_i = x_1 + x_2 \ldots x_n$$

EXEMPLO 3.3

A notação de somatório

Veja o Exemplo 3.2. São fornecidos os tempos, em horas, de cinco auditorias realizadas em uma empresa. Para obter o tempo total despendido em auditorias, calculamos:

$$\sum x_i = x_1 + x_2 + x_3 + x_4 + x_5$$
$$= 10 + 13 + 15 + 23 + 9 = 70$$

3.2 Média da amostra

A média aritmética, ou simplesmente média, é a medida de tendência central mais conhecida e utilizada para resumir a informação contida em um conjunto de dados.

- A média de um conjunto de dados é obtida somando todos os dados e dividindo o resultado pelo número deles.

$$\text{Média} = \frac{\text{Soma de todos os dados}}{\text{Número de dados}}$$

A média, indicada por $\bar{x}$ (lê-se x-traço ou x-barra), tem uma fórmula:

$$\bar{x} = \frac{\sum x}{n}$$

que se lê x-traço é igual ao somatório de x, dividido por n.

EXEMPLO 3.4

Cálculo da média

Um treinador mediu a circunferência abdominal de dez homens que se apresentaram para uma aula em uma academia de ginástica. Obteve os valores, em centímetros:

88; 83; 79; 76; 78; 70; 80; 82; 86; 105.

Para obter a média, o treinador deve somar todos os dados e dividir pelo número deles:

$$\bar{x} = \frac{88 + 83 + 79 + 78 + 70 + 80 + 82 + 86 + 105}{10} = \frac{827}{10} = 82,7$$

ou seja, os homens tinham, em média, 82,7 cm de circunferência abdominal. Veja a Figura 3.2, a média dá a tendência central dos dados.

Figura 3.2 Circunferência abdominal e média da amostra

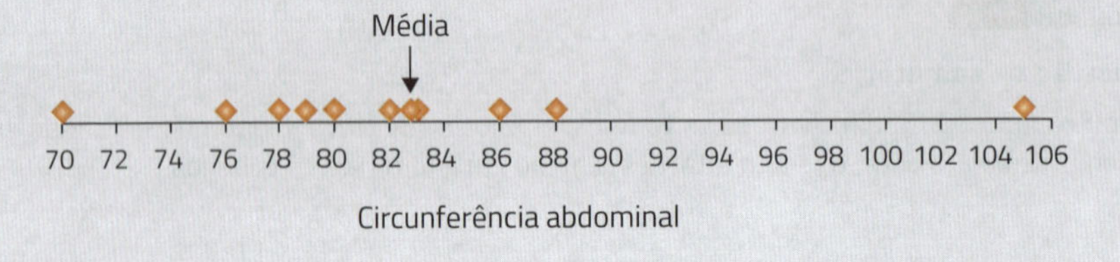

3.2.1 Média de dados apresentados em tabelas de distribuição de frequências

Dados discretos devem ser organizados em uma *tabela de distribuição de frequências*. Considere que os dados observados são x_1, x_2, x_3,..., x_k , que se repetem com frequências f_1, f_2, f_3, ..., f_k, respectivamente, como apresentado na Tabela 3.2.

Tabela 3.2 Uma tabela de distribuição de frequências

Dados	Frequência
x_1	f_1
x_2	f_2
x_3	f_3
x_k	f_k

▸ A média de dados discretos agrupados em uma tabela de distribuição de frequências é dada pela soma dos produtos dos valores da variável pelas respectivas frequências, dividida pela soma das frequências.

Para entender melhor a definição, veja a Tabela 3.3, que apresenta os cálculos intermediários para obter a média de dados apresentados em tabelas de distribuição de frequências.

Tabela 3.3 Cálculos intermediários para obter a média de dados em uma tabela de distribuição de frequências

Dados	Frequência	Produto
x_1	f_1	$x_1 f_1$
x_2	f_2	$x_2 f_2$
x_3	f_3	$x_3 f_3$
x_k	f_k	$x_k f_k$
Soma	Σf_i	$\Sigma x_i f_i$

A fórmula da média é como se segue:

$$\bar{x} = \frac{\sum xf}{\sum f}$$

Dados contínuos podem estar agrupados em *classes* e ser apresentados em tabelas de distribuição de frequências. Nesses casos, antes de calcular a média, é preciso calcular o *ponto central* de cada classe. O ponto central é a média dos dois extremos de classe. A fórmula para calcular a média é, então, como se segue:

$$\bar{x} = \frac{\sum x^* f}{\sum f}$$

em que x^* são os pontos centrais de classe e f são as frequências de classe. Mas vamos ver como se calcula a média por meio de um exemplo.

EXEMPLO 3.5

Média de dados discretos em tabela de distribuição de frequências

A Tabela 3.4 apresenta o número de filhos em idade escolar dos funcionários de uma empresa. Esses dados foram organizados em uma distribuição de frequências, fornecida na Tabela 3.5.

Tabela 3.4 Número de filhos em idade escolar de 20 funcionários

1	0	1	0
2	1	2	1
2	2	1	5
0	1	1	1
3	0	0	0

Tabela 3.5 Distribuição de frequências para o número de filhos em idade escolar de 20 funcionários

Número de filhos em idade escolar	Frequência
0	6
1	8
2	4
3	1
4	0
5	1

Para obter a média, multiplique cada valor x da primeira coluna pela frequência f, fornecida na segunda coluna da Tabela 3.6. Divida a soma dos produtos apresentados na terceira coluna ($\Sigma xf = 24$) pelo número de observações ($\Sigma f = 20$).

Tabela 3.6 Cálculos intermediários auxiliares

Número de filhos em idade escolar (x)	Frequência (f)	Produto (xf)
0	6	0
1	8	8
2	4	8
3	1	3
4	0	0
5	1	5
Total	$\Sigma f = 20$	$\Sigma xf = 24$

$$\bar{x} = \frac{24}{20} = 1{,}2$$

A média é 1,2 filho em idade escolar por funcionário.

Veja a Figura 3.3, em que a média mostra a tendência central dos dados.

Figura 3.3 Número de filhos em idade escolar e média da amostra

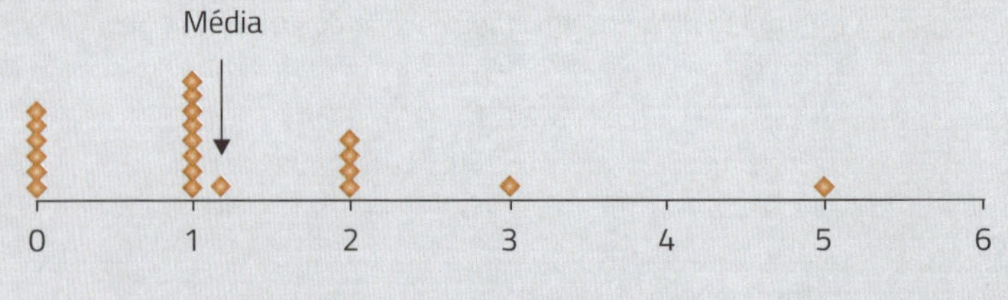

EXEMPLO 3.6

Média de dados contínuos em tabela de distribuição de frequências

A Tabela 3.7 apresenta os salários de empregadas domésticas de uma cidade do interior do Brasil, agrupados em três faixas: até um salário mínimo por mês constitui a primeira faixa, mais de um salário mínimo até dois salários mínimos constitui a segunda faixa e mais de dois até três salários mínimos constitui a terceira faixa.

Tabela 3.7 Distribuição dos salários de empregadas domésticas, em salários mínimos (SM), em uma cidade do interior do Brasil

Classe	Frequência
Até um SM	58
Mais de um SM até dois SM	27
Mais de dois SM até três SM	15

Para calcular a média, é preciso obter os pontos centrais. Então, para cada classe some o extremo inferior de classe ao extremo superior e divida por dois. Neste exemplo, a classe "até um salário mínimo" tem extremo inferior igual a 0 (nenhum salário) e extremo superior igual a 1. O ponto central dessa classe é:

$$\frac{0+1}{2} = \frac{1}{2} = 0,5$$

A classe mais de um salário mínimo até dois salários mínimos tem valor mínimo 1 e valor máximo 2. O ponto central dessa classe é:

$$\frac{1+2}{2} = \frac{3}{2} = 1,5$$

A classe mais de dois até três salários mínimos tem valor mínimo 2 e valor máximo 3. Portanto, o ponto central é:

$$\frac{2+3}{2} = \frac{5}{2} = 2,5$$

Para calcular a média, convém construir uma tabela com cálculos auxiliares. Nessa tabela, coloque as classes, os pontos centrais, o número de empregadas domésticas em cada classe e os produtos x^*f, em que x^* indica os pontos centrais. Veja a Tabela 3.8.

Tabela 3.8 Cálculos auxiliares

Classe	Ponto central (x^*)	Frequência (f)	Produto (x^*f)
Até um SM	0,5	58	29
Mais de um SM até dois SM	1,5	27	40,5
Mais de dois SM até três SM	2,5	15	37,5
Soma		$\Sigma f = 100$	$\Sigma x^*f = 107$

A média é obtida dividindo $\Sigma x^*f = 107$ por $\Sigma f = 100$. O resultado dessa divisão é 1,07, ou seja, o salário de empregada doméstica nessa cidade é, em média, 1,07 salário mínimo.

A média é, de longe, a medida de tendência central mais conhecida – quem nunca ouviu falar de *média de aprovação* em determinada disciplina, ou *tempo médio de uma corrida de 100 metros* ou em *idade média de jogadores de futebol*? No entanto, em certas circunstâncias, é melhor usar outras medidas para descrever a tendência central dos dados, como *mediana* ou *moda*. Mas o que é mediana e o que é moda?

3.3 Mediana da amostra

A *mediana* divide um conjunto de dados ordenados em duas metades. Entretanto, é melhor apresentar uma definição:

▸ *Mediana* é o valor que ocupa a posição central do conjunto dos dados ordenados.

Se o número de dados é *ímpar*, existe um único valor na posição central. Esse valor é a mediana. Por exemplo, dados:

3, 5 e 9,

a mediana é 5.

Se o número de dados é *par*, existem dois valores na posição central. Então, a mediana é a média desses dois valores centrais. Dados:

3, 5, 7 e 9,

a mediana é 6, isto é, a média de 5 e 7.

EXEMPLO 3.7

Determinação da mediana

Um treinador mediu a circunferência abdominal de dez homens que se apresentaram para uma aula, em uma academia de ginástica. Obteve, em centímetros:

88; 83; 79; 76; 78; 70; 80; 82; 86; 105.

Para obter a mediana, os dados devem ser escritos em ordem crescente:

70; 76; 78; 79; 80; 82; 83; 86; 88; 105.

A mediana é a média dos valores que estão no centro dos dados ordenados, isto é, 80 e 82. Portanto, a mediana é 81 cm. Veja a Figura 3.4.

Figura 3.4 Circunferência abdominal e mediana da amostra

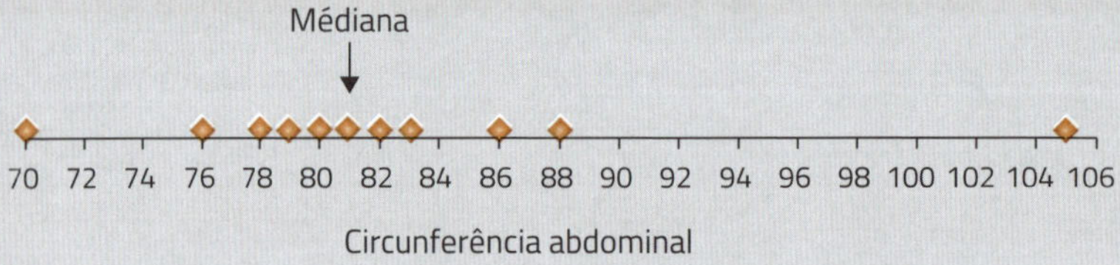

- Quando ocorrem dados discrepantes (valores muito maiores ou menores do que os demais), o mais correto é usar a mediana para descrever a tendência central dos dados.

EXEMPLO 3.8

Média e mediana

Dados os valores:

42, 3, 9, 5, 7, 9, 1, 9.

Para obter a média, calcule:

$$\bar{x} = \frac{42 + 3 + 9 + 5 + 7 + 9 + 1 + 9}{8} = \frac{85}{8} = 10,625$$

Para obter a mediana, é preciso ordenar os dados:

1, 3, 5, 7, 9, 9, 9, 42.

Os valores que ocupam a posição central dos dados ordenados são 7 e 9. Então a mediana é 8.

Vamos analisar o Exemplo 3.8: a média é maior do que sete dos oito dados do conjunto, logo, a média não descreve bem a *tendência central* dos dados. O valor 42 "puxa" a média para cima. Por essa razão, alguns consideram que a tendência central dos salários de uma categoria profissional pode ser mais bem descrita pela mediana, e não pela média dos salários.

EXEMPLO 3.9

Escolhendo entre média e mediana

Imagine que estão reunidos em uma sala seis professores: cinco recebem dois salários mínimos por mês e um recebe 14 salários mínimos por mês. A média é:

$$x = \frac{2 \times 5 + 14 \times 1}{5 + 1} = \frac{24}{6} = 4$$

Ordenando os dados:

2; 2; 2; 2; 2; 10,

obtém-se a mediana 2, que descreve melhor o ponto em que estão centrados os salários dos professores da instituição. Veja a Figura 3.5.

Figura 3.5 Salário, média e mediana da amostra

Mediana Média

0 2 4 6 8 10 12 14 16

Salário

Às vezes, é mais conveniente – sob algum ponto de vista – calcular a média e não a mediana, mesmo quando existe um dado discrepante.

Por exemplo, considere que você jogou três vezes na loteria e ganhou, na primeira vez, x_1 = R$ 0,00; na segunda vez, x_2 = R$ 0,00; na terceira vez, ganhou $x_3 \neq$ R$ 0,00 (digamos R$ 100.000,00). Qual medida descreve melhor o seu ganho? A mediana é zero (diga isso aos parentes), mas a média é ⅓ do valor de x_3 (e será a média que afetará seu saldo bancário).

3.4. Moda da amostra

▸ *Moda* é o valor que ocorre com maior frequência.

EXEMPLO 3.10

Determinando a moda

São dadas as notas de 12 alunos:

0, 0, 2, 5, 3, 7, 4, 7, 8, 7, 9, 6.

A moda é 7, porque é o valor que ocorre o maior número de vezes. Veja a Figura 3.6.

Figura 3.6 Nota de alunos

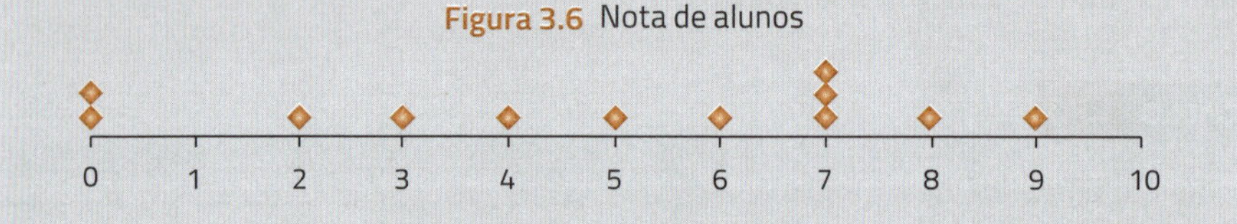

Um conjunto de dados pode não ter moda, ou ter duas ou mais modas. O conjunto de dados

0, 2, 4, 6, 8, 10

não tem moda e o conjunto

1, 2, 2, 3, 4, 4, 5, 6, 7

tem duas modas: 2 e 4. A moda de uma amostra é, em geral, indicada por *mo.*

▸ A moda é muito informativa quando o conjunto de dados é grande, mas se o conjunto de dados for relativamente pequeno (20 ou 30 observações), a moda não tem, em geral, sentido prático.

A moda também pode ser usada para descrever dados qualitativos. Nesse caso, a moda é a *categoria* que ocorre com maior frequência, ou seja, a categoria que concentra maior quantidade de dados.

EXEMPLO 3.11

A moda para os cortes de gastos

O site de uma revista perguntou às pessoas que gastos cortavam em crises econômicas. As respostas apresentadas na Tabela 3.9 mostram que a resposta mais frequente foi "nenhum", que a moda é *não cortar gastos*, o que não significa que esse seja o comportamento da população em geral. Os participantes eram internautas que responderam voluntariamente à pergunta, sem compromisso com a veracidade do que afirmavam.

Tabela 3.9 Cortes nos gastos em decorrência de crises econômicas

Cortes	Porcentual de respostas
Jantar fora	24
Viagens	23
Curso de idioma	10
Cinema	7
Nenhum	36
Total	100

EXERCÍCIOS

1. Na Tabela 3.10 são dados os tempos, em minutos, para o preparo de 1 m^3 de uma mistura para construção em solo de cimento por um único operário. Encontre a média e a mediana.

Tabela 3.10 Tempo, em minutos, de preparo de 1 m^3 de uma mistura para construção em solo de cimento, por um único operário

78	72	68	76
76	76	69	81
76	83	69	79
72	85	72	76

2. Encontre a média, a mediana e a moda dos seguintes conjuntos de dados:
   a) 8; 3; 0; 6; 8
   b) 8; 16; 2; 8; 6
   c) 4; 16; 10; 6; 20; 10
   d) 0; −2; 3; −1; 5
   e) 2; −1; 0; 1; 2; 1; 9

3. Calcule a média, a mediana e a moda das notas de um aluno, em seis provas de Estatística. Se você fosse o aluno em questão, que medida de tendência central escolheria para representar sua competência?

Tabela 3.11 Notas nas provas de Estatística

Prova	Nota
1	90
2	70
3	65
4	90
5	90
6	30

4. Em um pátio dez crianças estão brincando. As idades dessas crianças, em anos completos, são: 12; 6; 4; 7; 10; 4; 9; 8; 5; 5. Escolha a alternativa correta:

a) A média das idades é 7,0 anos e a mediana é 6,5.

b) A média das idades é 6,5 anos e a mediana é 6,5.

c) A média das idades é 7 anos e a mediana é 7.

d) A média das idades é 6,5 anos e a mediana é 7.

5. A margem de lucro na venda de produtos artesanais é variável, mas, na venda de 300 produtos, um revendedor registrou os valores apresentados na Tabela 3.12. Calcule a média.

Tabela 3.12 Margens de lucro, em termos de porcentual do valor de compra

Classe (em reais)	Frequência (nº de produtos)
15 ⊢ 25	30
25 ⊢ 35	45
35 ⊢ 45	150
45 ⊢ 55	45
55 ⊢ 65	30

6. Calcule a mediana dos dados apresentados na Tabela 3.13. Interprete.

Tabela 3.13 Acidentes fatais registrados em determinada empresa petrolífera, segundo o ano

Ano	Acidentes fatais
2000	18
2001	16
2002	16
2003	32
2004	28
2005	17
2006	27
2007	18
2008	14

7. Fornecido um conjunto de dados, que medida de tendência central (média, mediana ou moda) corresponde sempre a um valor numérico do conjunto?
8. Durante uma manhã, um ambulante vendeu distintivos de um time que disputava um campeonato de futebol: 12 unidades foram vendidas a R$ 2; 10 unidades foram vendidas a R$ 3; 8 unidades foram vendidas a R$ 6. Qual foi o preço médio?
9. Calcule a média dos dados apresentados na Tabela 3.14. Qual é a porcentagem de funcionários com mais filhos do que a média?

Tabela 3.14 Número de filhos em idade escolar de 20 funcionários de uma empresa

2	3	1	1
1	1	3	1
4	2	2	1
3	3	2	2
2	5	1	3

10. A Tabela 3.15 apresenta a distribuição dos salários dos jogadores brasileiros de futebol, em determinado ano. Calcule a média e a mediana desses salários e discuta o significado dos resultados encontrados.

Tabela 3.15 Distribuição dos salários dos jogadores brasileiros de futebol

Nº de salários mínimos	Nº de jogadores	Porcentual
Até um	8.638	52,9
De um a dois	4.987	30,5
De dois a cinco	1.289	7,9
De cinco a dez	436	2,7
De 10 a 20	293	1,8
Mais de 20	701	4,2
Total	16.344	100,0

11. Complete as frases:
   a) Se o número de observações em um dado conjunto é par, a mediana é a ______________ dos ______________________ quando os dados estão ordenados.
   b) A ______________ de um conjunto de dados é o valor que ocorre com maior frequência.
   ______________________________ são medidas de tendência central.

12. Falso ou verdadeiro?
   a) Um conjunto de dados pode ter mais de uma moda.
   b) A média divide um conjunto de dados, de tal maneira que metade dos dados sempre é maior do que ela.

13. A capacidade máxima de carga do elevador de um prédio de apartamentos é 500 kg. Ficará sobrecarregado se nele entrarem três mulheres com peso médio de 65 kg e dois homens com peso médio de 82 kg? Se fossem dadas as medianas dos pesos, em vez das médias, você poderia responder a pergunta anterior? Por quê?

14. O repórter de um canal de televisão informa que o tempo que um semáforo para pedestres fica aberto na região central de determinada cidade é insuficiente para um idoso atravessar a rua com certa tranquilidade. O engenheiro de trânsito coleta, então, o tempo de travessia de uma avenida para 12 idosos[1]. Os tempos, medidos em até décimo de segundo, são: 21,4; 15,1; 13,6; 16,0; 15,0; 19,1; 21,0; 14,2; 15,6; 20,1; 21,1; 22,2. Ache a média. Se o tempo estiver ajustado para 20 s, qual é a porcentagem de idosos que não conseguem fazer a travessia no tempo previsto?

15. Uma empresa de grande porte compra pen drive de um fornecedor. Para saber a durabilidade do pen drive, um gerente coleta dados do tempo, em horas, que os pen drives levam para mostrar sinais de uso. Os dados estão na Tabela 3.16. Calcule a média, a mediana e a moda.

Tabela 3.16 Tempo, em horas, para os pen drives mostrarem sinais de uso

486	494	502	508
490	496	504	510
491	498	505	514
491	498	506	515
494	498	507	527

16. A empresa citada no Exercício 15 está considerando mudar de fornecedor. Compra então dez pen drives e coleta dados do tempo, em horas, que os pen drives desse fornecedor alternativo levam para mostrar sinais de uso. Os dados estão na Tabela 3.17. Calcule a média, a mediana e a moda. Você aconselharia a empresa mudar de fornecedor?

Tabela 3.17 Tempo, em horas, para os pen drives (fornecedor alternativo) mostrarem sinais de uso

489	492	495	498
489	492	496	499
491	493	497	502
492	493	497	503
492	494	497	505

17. Uma empresa inspeciona 100% da produção e registra o número de itens não conformes produzidos por dia. A média dos dados registrados na última semana (cinco dias) foi 20. Um engenheiro achou o resultado estranho e verificou os dados. Percebeu então que em determinado dia haviam sido produzidos 10 itens não conformes, mas o registro estava errado. Quando o número correto foi registrado, a média do número de itens não conformes produzidos na semana mudou de 20 para 15. Que número foi registrado no lugar de 10?

---

1 PELOSI, M.K.; SANDIFER, T. M. *Doing statistics for business*: data, inference and decision making. New York: Wiley, 2000. p. 171.

18. Uma família tem nove irmãos e a média aritmética de suas idades é igual a 33 anos[2]. A média aritmética das idades das irmãs dessa família é 38 anos e a média das idades dos irmãos 29 anos. A média das idades das irmãs e do irmão mais velho é igual a 39 anos, o que permite concluir que a idade, em anos, do irmão mais velho é igual a

a) 40

b) 41

c) 42

d) 43

e) 44

19. As notas de um professor que se submeteu a um processo seletivo, em que a banca avaliadora era composta por cinco membros, são apresentadas no gráfico a seguir[3]. Sabe-se que cada membro da banca atribuiu duas notas ao professor, uma relativa aos conhecimentos específicos da área de atuação e outra, aos conhecimentos pedagógicos, e que a média final do professor foi dada pela média aritmética de todas as notas atribuídas pela banca avaliadora.

Figura 3.7 Notas de um professor que participou de um processo seletivo

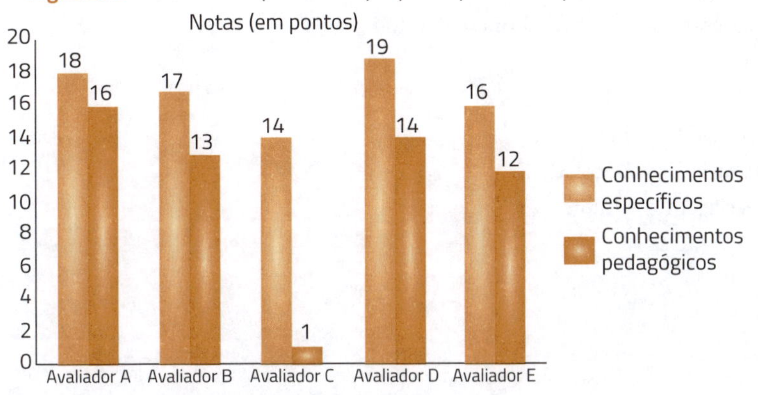

Utilizando um novo critério, essa banca avaliadora resolveu descartar a maior e a menor notas atribuídas ao professor.

A nova média, em relação à média anterior, é:

a) 0,25 ponto maior.

b) 1,00 ponto maior.

c) 1,00 ponto menor.

d) 1,25 ponto maior.

e) 2,00 pontos menor.

---

2 *Matemadicas*. Disponível em: <https://matemadicas.com/2015/08/04/questao-media-aritmetica-vunesp-2015/> Acesso em: 10 jul. 2017.

3 ENEM 2013, QUESTÃO 137. Disponível em: <http://educacao.globo.com/provas/enem-2013/questoes/137.html>. Acesso em: 10 jul. 2017.

20. A tabela a seguir mostra a evolução da receita bruta anual nos três últimos anos de cinco microempresas (ME) que se encontram à venda[4].

Tabela 3.18 Evolução de receita bruta anual de cinco MEs

ME	2009 (em milhares de reais)	2010 (em milhares de reais)	2011 (em milhares de reais)
Alfinetes V	200	220	240
Balas W	200	230	200
Chocolates X	250	210	215
Pizzaria Y	230	230	230
Tecelagem Z	160	210	245

Um investidor deseja comprar duas das empresas listadas na tabela. Para tal, ele calcula a média da receita bruta anual dos últimos três anos (de 2009 até 2011) e escolhe as duas empresas de maior média anual.

As empresas que este investidor escolhe comprar são:

a) Balas W e Pizzaria Y.

b) Chocolates X e Tecelagem Z.

c) Pizzaria Y e Alfinetes V.

d) Pizzaria Y e Chocolates X.

e) Tecelagem Z e Alfinetes V.

4 ENEM 2012, QUESTÃO 174. Disponível em: <http://educacao.globo.com/provas/enem-2012/questoes/174.html>. Acesso em: 10 jul. 2017.

capítulo

4

Medidas de variabilidade

A variabilidade é inerente aos fenômenos físicos, naturais e econômicos. Por exemplo, na mesma cidade a temperatura varia ao longo do dia e, no mesmo dia, registram-se temperaturas muito diferentes em diferentes lugares do mundo. O peso das pessoas varia ao longo da vida e a quantidade de dinheiro que carregam nos bolsos varia em função das circunstâncias.

Média, mediana e moda, que estudamos no Capítulo 3, não bastam para descrever um conjunto de dados. Essas medidas indicam o centro em torno do qual os dados estão dispersos, mas não revelam o quanto se dispersam.

Para descrever um conjunto de dados, você deve apresentar, além da medida de tendência central, uma *medida de variabilidade* ou *dispersão*. Veremos, neste capítulo, algumas medidas usadas para medir variabilidade: mínimo e máximo, amplitude, quartis, percentis, variância, desvio padrão.

EXEMPLO 4.1

Dispersão em torno da média

Imagine dois domicílios: nos dois moram sete pessoas e, nos dois, a idade média é de 22 anos. O primeiro domicílio é coletivo (uma "república"): cinco moradores têm 22 anos, um tem 21 anos e o outro, 23 anos.

No segundo domicílio mora um casal, ela com 17 e ele com 23 anos, dois filhos, um com 2, outro com 3 anos, a mãe da moça, com 38, um outro filho, de 8 anos e a avó da moça, com 65 anos. Veja a Figura 4.1. A "idade média de 22 anos" descreve bem a situação no primeiro domicílio, mas não no segundo, onde a variabilidade é muito grande.

Figura 4.1 Distribuição das idades em dois domicílios

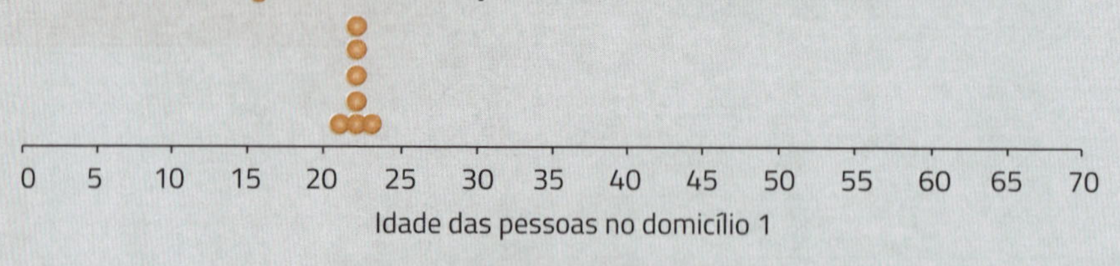

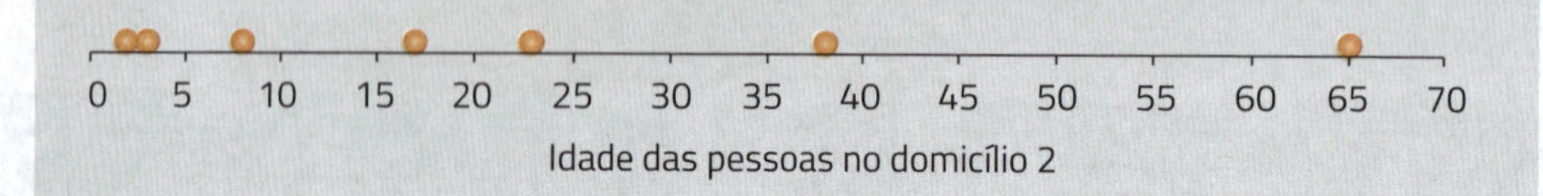

4.1 Mínimo, máximo e amplitude

- *Mínimo de um conjunto de dados* é o número de menor valor.
- *Máximo de um conjunto de dados* é o número de maior valor.

EXEMPLO 4.2

Mínimo e máximo

São fornecidas as idades, em anos completos, das crianças que estão no pátio de uma escola:

3, 6, 5, 7, 9

A média é:

$$\bar{x} = \frac{3 + 6 + 5 + 7 + 9}{5} = 6$$

Como os dados são poucos, é fácil ver que o mínimo é 3 e o máximo é 9.

Vamos criar uma tabela para apresentar o tamanho da amostra, a média, o mínimo, o máximo e criar um gráfico. Fica fácil ver que os dados variam em torno da média.

Tabela 4.1 Estatísticas das idades das crianças

Estatísticas	Resultados
Tamanho da amostra	5
Média	6
Mínimo	3
Máximo	9

Figura 4.2 Estatísticas das idades de cinco crianças

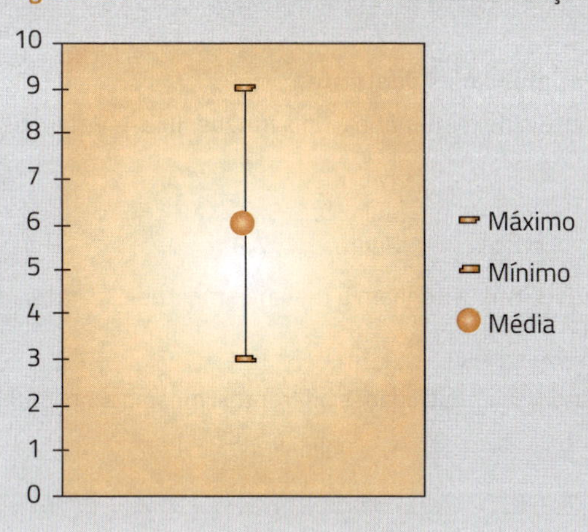

Além do mínimo e do máximo, para medir variabilidade você pode, também, calcular a *amplitude*.

Amplitude de um conjunto de dados é a diferença entre o valor máximo e o valor mínimo do conjunto.

Usando a fórmula:

$$\text{amplitude} = \text{máximo} - \text{mínimo}$$

Cálculo da amplitude

Para o Exemplo 4.2, temos:

$$\text{amplitude} = 9 - 3 = 6$$

A diferença de idade entre a criança mais velha e a mais nova é, portanto, de seis anos.

A amplitude é fácil de calcular e de interpretar, mas ela *não* mede bem a variabilidade dos dados por uma razão simples: para calculá-la, usam-se apenas os *dois valores extremos*. Isso significa que:

- Dois conjuntos de dados com variabilidades muito diferentes podem ter a mesma amplitude. Veja o Exemplo 4.4.
- Um valor discrepante faz a amplitude aumentar muito. Como dizem os estatísticos, a amplitude é muito sensível aos valores extremos. Veja o Exemplo 4.5.

EXEMPLO 4.4

Amplitudes iguais, variabilidades diferentes

Nas quatro provas mensais de matemática, dois irmãos, Júlio e Pedro, tiraram as seguintes notas:

Júlio: 5, 5, 5, 9.
Pedro: 5, 6, 7, 9.

Embora as notas dos dois irmãos tenham a mesma amplitude, as notas de Pedro variaram mais. Veja a Figura 4.3.

Figura 4.3 Variabilidades diferentes, mesma amplitude

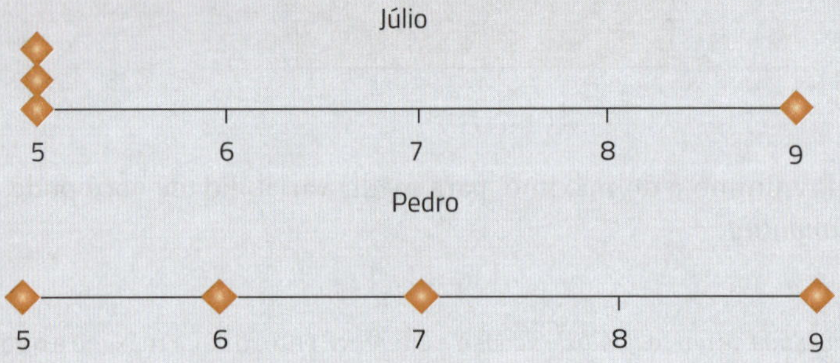

EXEMPLO 4.5

Valor discrepante

O barulho do tráfego em duas esquinas, medido em decibéis durante os cinco dias úteis de determinada semana, é dado a seguir. Vamos calcular as amplitudes:

1ª esquina: 51,0; 54,5; 53,0; 51,5; 58,0; 55,5
2ª esquina: 54,0; 53,0; 56,0; 51,0; 52,0; 77,0

Na 1ª esquina: amplitude = 58,0 – 51,0 = 7,0
Na 2ª esquina: amplitude = 77,0 – 51,0 = 26,0

Na segunda esquina, houve um dia em que o barulho foi bem maior do que nos demais dias da semana. Então, ocorreu o que os estatísticos chamam de *valor discrepante.* Esse valor, 77,0, que é o máximo do conjunto de dados, fez aumentar, em muito, a amplitude. Veja a Figura 4.4.

Figura 4.4 Valor discrepante, amplitude maior

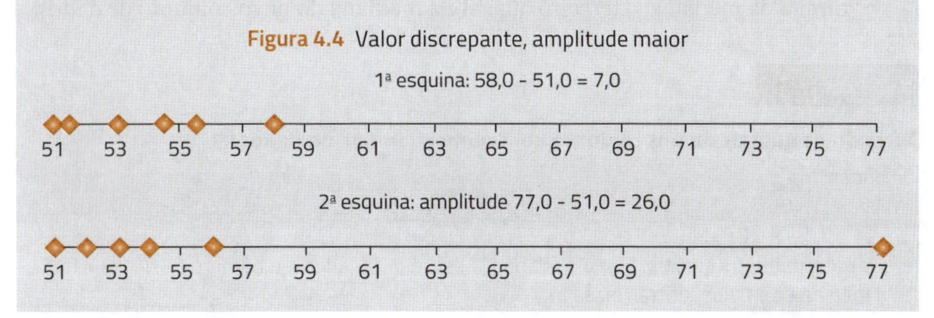

A amplitude é útil na descrição de dados. No entanto, no dia a dia, é melhor fornecer apenas o valor mínimo e o valor máximo, em vez da amplitude. Por exemplo, se alguém informar que, em certa corporação militar, os policiais que estão na ativa têm idades entre 18 e 52 anos, estará fornecendo informação mais útil do que se disser que a amplitude das idades é 34 anos.

4.2 Quartil

A mediana, que você viu no Capítulo 3, divide um conjunto de dados ordenados em dois subconjuntos com o mesmo número de dados:

- O que antecede a mediana (dados iguais ou menores do que a mediana).
- O que sucede a mediana (dados iguais ou maiores do que a mediana).

Caso o conjunto de dados ordenados seja relativamente grande, poderá ser dividido não apenas em duas metades, mas também em *quatro quartos.* A mediana divide o conjunto de dados em *duas partes* e os quartis – como o nome sugere – dividem o conjunto em quatro partes.

- Os quartis dividem um conjunto de dados em quatro partes iguais. Os quartis são, portanto, três: o primeiro quartil, o segundo quartil (que é a mediana) e o terceiro quartil.

Para obter os quartis:[1]

1. Organize os dados em ordem crescente, isto é, do menor para o maior. Encontre a *mediana* (que é, também, o *segundo quartil*); e marque esse valor.

---

1 Os métodos usados para calcular os quartis têm pequenas diferenças. Se você calcular os quartis para o Exemplo 4.6 usando o Excel, encontrará valores diferentes. Os valores aqui calculados são os quartis (em inglês, *quartiles*). O outro método, usado pelo Excel, leva às chamadas "dobradiças" (em inglês, *hinges*).

2. Encontre o *primeiro quartil*, da seguinte forma: tome o conjunto de dados à esquerda da mediana; o primeiro quartil é a mediana do novo conjunto de dados.
3. Encontre o *terceiro quartil*, da seguinte forma: tome o conjunto de dados à direita da mediana; o terceiro quartil é a mediana do novo conjunto de dados.

EXEMPLO 4.6

Obtendo os quartis de um conjunto com número ímpar de dados

São dados:

1, 2, 3, 4, 5, 6, 7, 9, 10

Vamos determinar os quartis. Como os dados já estão ordenados e o número de dados é ímpar, a mediana é o valor central, ou seja, 5.

1, 2, 3, 4, 5, 6, 7, 9, 10

↑

Para obter o primeiro quartil, separamos os dados à esquerda da mediana. O primeiro quartil é 2,5.

1, 2, 3, 4

↑

Para obter o terceiro quartil, separamos os dados à direita da mediana. O terceiro quartil é 8.

6, 7, 9, 10

↑

Veja a Figura 4.5.

Figura 4.5 Quartis, número ímpar de dados

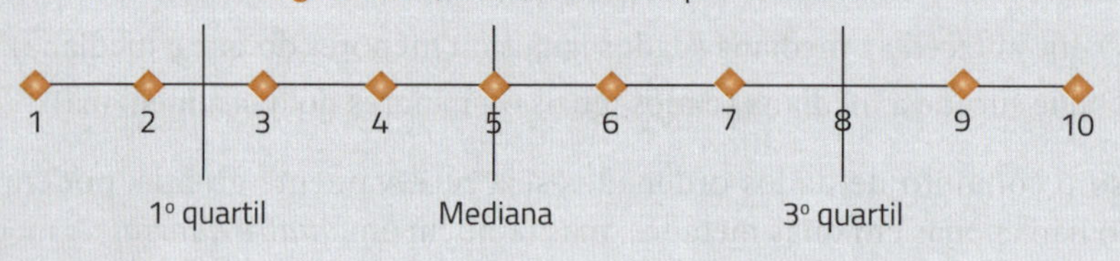

EXEMPLO 4.7

Obtendo os quartis de um conjunto com número par de dados

São dados:

1, 2, 3, 5, 6, 7, 8, 10, 11, 12

Vamos obter os quartis[2]. Como o número de dados é par e os dados já estão ordenados, a mediana é a média dos valores 6 e 7 que estão no centro, ou seja, a mediana é 6,5.

1, 2, 3, 5, 6, 7, 8, 10, 11, 12

2 Os métodos usados para calcular os quartis têm pequenas diferenças. Se você calcular os quartis para o Exemplo 4.5 usando o Excel, encontrará: 1º quartil = 2,75 e 3º quartil = 9,5. Não é o método abordado neste livro.

Para obter o primeiro quartil, separe os dados à esquerda de 6,5. O primeiro quartil é 3.

1, 2, 3, 5, 5
↑

Para obter o terceiro quartil, separe os dados à direita da mediana. O terceiro quartil é 10.

7, 8, 10, 11, 12
↑

Veja a Figura 4.6.

Figura 4.6 Quartis, número par de dados

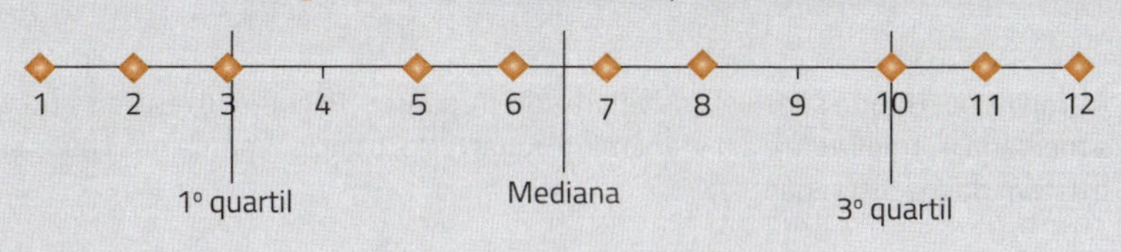

- *Distância interquartílica* é a distância entre o primeiro e o terceiro quartil.
- Distância interquartílica = Terceiro quartil – Primeiro quartil

EXEMPLO 4.8

Distância interquartílica

Reveja os dados do Exemplo 4.5. Vamos obter as distâncias interquartílicas.
Para a 1ª esquina, ordenando os dados:

51,0; 51,5; 53,0; 54,5; 55,5; 58,0

Mediana: 53,75
1º quartil: 51,5
3º quartil: 55,5
distância interquartílica = 55,5 - 51,5 = 4,0

Para a 2ª esquina, ordenando os dados:

51,0; 52,0; 53,0; 54,0; 56,0; 77,0

Mediana: 53,5
1º quartil: 52,0
3º quartil: 56,0
distância interquartílica = 56,0 - 52,0 = 4,0

Veja a Figura 4.7.

Figura 4.7 Distância interquartílica

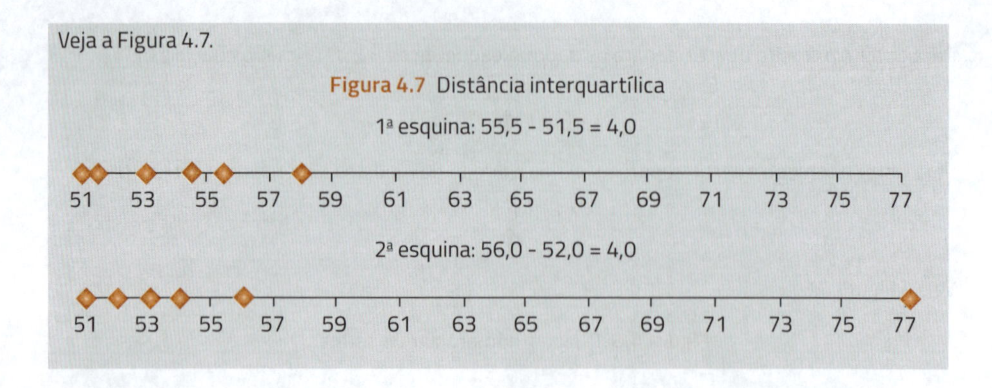

- A amplitude é muito sensível aos valores discrepantes. Recomenda-se, então, calcular a mediana, a amplitude e a distância interquartílica, principalmente nos casos em que existam dados discrepantes.

4.2.1 Diagrama de caixa (*box plot*)

As medidas que acabamos de ver (mínimo e máximo, primeiro e terceiro quartis e mediana) resumem a informação contida em um conjunto de dados. O diagrama de caixa exibe essas medidas.

Para desenhar um diagrama de caixa.

1. Calcule mínimo e máximo, primeiro e terceiro quartis e a mediana (segundo quartis).
2. Crie um segmento de reta em posição vertical, para representar a amplitude dos dados.
3. Marque, nesse segmento, o primeiro e o terceiro quartis e a mediana.
4. Crie uma caixa retangular (*box*) de maneira que o lado superior e o inferior passem exatamente sobre os pontos que marcam o primeiro e o terceiro quartis.
5. Faça um ponto para representar a mediana (obedecendo a escala).

A altura do *retângulo* do diagrama de caixa é dada pela *distância interquartílica*. O retângulo contém cerca de 50% dos dados centrais.

EXEMPLO 4.9

Diagrama de caixa

Vamos criar um diagrama de caixa para apresentar os dados:

1, 2, 3, 4, 5, 6, 7, 8, 9,10

- Mínimo: 1
- Primeiro quartil: 3
- Mediana: 5,5
- Terceiro quartil: 8
- Máximo: 10

Figura 4.8 Diagrama de caixa

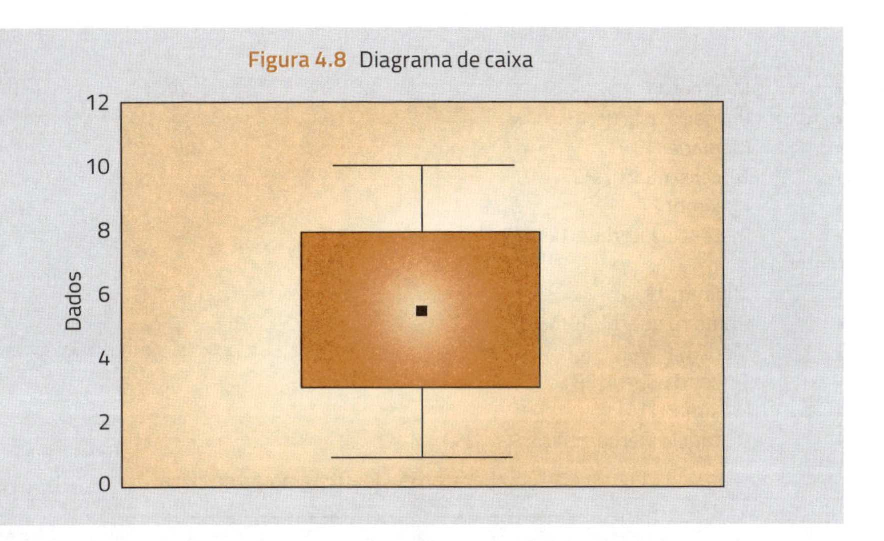

EXEMPLO 4.10

Comparação de dois diagramas de caixa

Para comparar dois programas de treinamento para executar um serviço especializado, uma empresa fez um experimento. Dez homens que trabalhavam em serviço similar foram selecionados ao acaso para serem treinados pelo método A e outros dez para serem treinados pelo método B. Ao finalizarem o treinamento, todos os homens fizeram o serviço, e foi registrado o tempo despendido para desempenhar a tarefa. Os dados estão na Tabela 4.2. Vamos criar dois diagramas de caixa e compará-los.

Tabela 4.2 Tempo, em minutos, despendido para executar o serviço, segundo o método de treinamento

Método	
A	B
15	23
20	31
11	13
23	19
16	23
21	17
18	28
16	26
27	25
24	28

Método A

- Mínimo: 11
- Primeiro quartil: 16
- Mediana: 19
- Terceiro quartil: 23
- Máximo: 27
- Distância interquartílica: 7

Método B

- Mínimo: 13
- Primeiro quartil: 19
- Mediana: 24
- Terceiro quartil: 28
- Máximo: 31
- Distância inerquartílica: 9

Figura 4.9 Comparação de dois diagramas de caixa

A mediana do tempo despendido por homens treinados pelo método A foi menor. A variabilidade é praticamente a mesma. A empresa deve escolher o método A.

4.3 Percentis

Percentil é o valor abaixo do qual cai certa porcentagem dos dados.

EXEMPLO 4.11

Crescimento de crianças

Os percentis são muito usados na construção de gráficos de crescimento físico. Observe a Figura 4.10: a linha do centro dá os percentis 50. As laterais, os percentis 25 e 75, e a mais externa os percentis 3 e 97. Veja: para meninas com 12 meses (1 ano), o percentil 50 (que é a mediana) de peso (os valores para peso estão na ordenada) é cerca de 9 kg. Para meninas com 4 anos e o percentil 97 de peso é pouco mais de 21 kg. Isso significa que 97% das meninas com 4 anos pesam 21 kg ou menos. Portanto, só 3% dessas meninas pesam mais do que 21 kg.

Figura 4.10 Peso, em quilogramas, do nascimento até os 5 anos de idade, de meninas

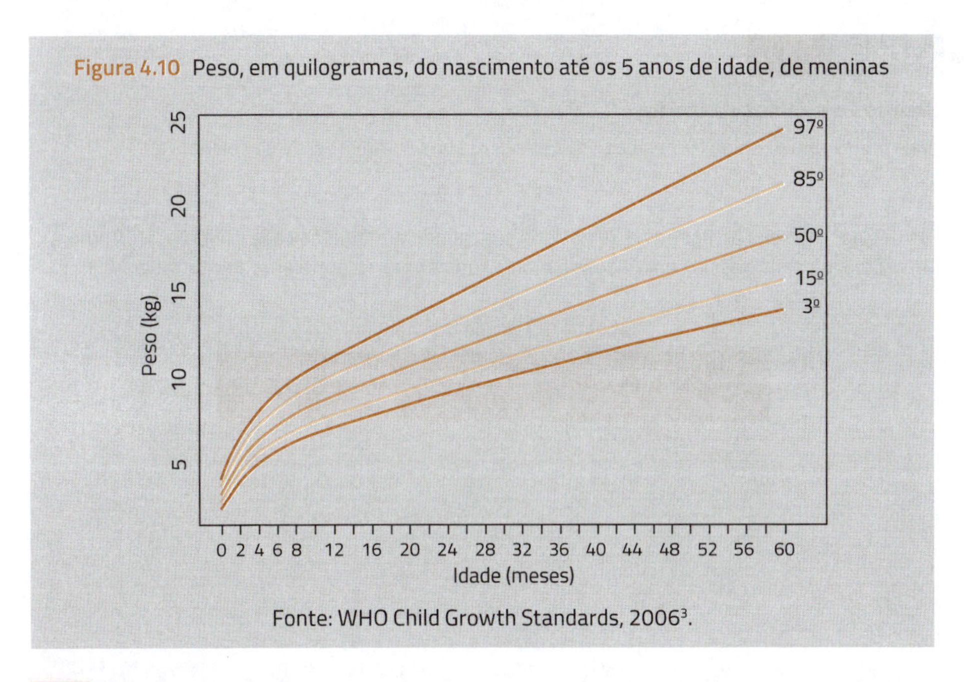

Fonte: WHO Child Growth Standards, 2006[3].

4.4 Desvio padrão

O desvio padrão é uma medida de variabilidade muito recomendada, porque mede de maneira eficaz a dispersão dos dados em torno da média. Mas para calcular o desvio padrão, é preciso, primeiro, calcular a variância. Vamos, então, entender o que é variância.

4.4.1 Variância

Quando a média é usada como medida de tendência central, ou seja, quando a média indica o centro da distribuição, podemos calcular o desvio de cada observação em relação à média como se segue:

$$\text{desvio} = \text{observação} - \text{média}$$

$$\text{desvio} = x - \overline{x}$$

Se os desvios em relação à média são pequenos, podemos concluir que as observações estão aglomeradas em torno da média. A variabilidade dos dados é, portanto, pequena. Se os desvios são grandes, os dados estão muito dispersos, ou seja, a variabilidade é grande. A variância é uma medida de variabilidade que capta essas situações.

3 Disponível em: <http://www.who.int/childgrowth/standards/Chap_4.pdf>.

EXEMPLO 4.12

Desvios em relação à média

Veja o Exemplo 4.2. São fornecidas as idades, em anos completos, de cinco crianças:

3, 6, 5, 7 e 9

Os desvios em relação à média são obtidos subtraindo a média de cada observação. Como a média é 6 anos, os desvios em relação à média são os valores apresentados na Tabela 4.3.

Tabela 4.3 Cálculo dos desvios

Observação x	Desvio $x - \bar{x}$
3	3 − 6 = −3
6	6 − 6 = 0
5	5 − 6 = −1
7	7 − 6 = 1
9	9 − 6 = 3

Alguém poderia pensar que a média dos desvios seria uma medida de variabilidade. Mas, como existem desvios positivos e negativos, a soma dos negativos é cancelada com a soma dos positivos. Aliás, é esse o motivo de a média ser uma boa medida de tendência central: o "peso" dos desvios negativos é igual ao "peso" dos positivos. Isso pode ser constatado no Exemplo 4.11, em que:

$$-3 + 0 - 1 + 1 + 3 = 0$$

Para obter uma medida de variabilidade, é preciso eliminar os sinais dos desvios antes de calcular a média. Uma maneira de eliminar os sinais é elevar os desvios ao quadrado. A medida de variabilidade obtida usando esse artifício é chamada de *variância*. Veja a definição de variância da amostra, que é indicada por s^2.

Variância da amostra é a soma dos quadrados dos desvios de cada observação em relação à média, dividida por (***n*** − 1).

$$s^2 = \frac{\sum (x - \bar{x})^2}{n - 1}$$

EXEMPLO 4.13

Variância

Os tempos em minutos que seis meninos permaneceram sobre seus *skates* foram: 4; 6; 4; 6; 5; 5. Calcule a variância.

Tabela 4.4 Cálculo da variância

Observação x	Desvio $(x-\bar{x})$	(Desvio)[2] $(x-\bar{x})^2$
4	$4-5=-1$	$(4-5)^2=(-1)^2=1$
6	$6-5=1$	$(6-5)^2=(1)^2=1$
4	$4-5=-1$	$(4-5)^2=(-1)^2=1$
6	$6-5=1$	$(6-5)^2=(1)^2=1$
5	$5-5=0$	$(5-5)^2=0$
5	$5-5=0$	$(5-5)^2=0$
Soma	$\sum(x-\bar{x})=0$	$\sum(x-\bar{x})^2=4$

A variância é:

$$s^2=\frac{4}{5}=0{,}8$$

A variância 0,8 quantifica a variabilidade dos dados em termos de desvios da média ao quadrado.

Embora a variância de uma amostra seja referida como *média dos quadrados dos desvios* ou como quadrado médio (em tópicos mais avançados de estatística, como análise de variância), usamos o divisor n-1, em lugar de n. Esse divisor, n-1, são os *graus de liberdade*[4] associados à variância.

4.4.2 Desvio padrão

É importante notar que o cálculo da variância envolve *quadrados* de desvios. Então a unidade de medida da variância é igual ao quadrado da medida das observações. No caso do Exemplo 4.12, as observações eram tempos, medidos em minutos. Então a variância é dada em minutos ao quadrado, isto é, $s^2 = 0{,}8 \text{ min}^2$.

Para obter uma medida de variabilidade na mesma unidade de medida dos dados, extrai-se a raiz quadrada da variância. Obtém-se, assim, o desvio padrão.

▸ *Desvio padrão* é a raiz quadrada da variância, com sinal positivo.

4 Os desvios sempre somam 0. Portanto, se forem especificados os valores de $(n-1)$ desvios, o valor do desvio que não foi especificado pode ser calculado. Reveja o Exemplo 4.11. Dados os valores dos quatro primeiros desvios apresentados na Tabela 4.3, que são – 3, 0, – 1, 1, é fácil verificar que a soma é – 3. Então, para que a soma seja 0, o valor que falta é 3, e só pode ser 3. Os graus de liberdade representam o número de desvios que podem ter qualquer valor, isto é, estão "livres" para variar.

O desvio padrão é uma medida de variabilidade muito usada porque mede de maneira eficaz a dispersão dos dados.

$$s = \sqrt{\text{variância}} = \sqrt{\frac{\sum (x - \bar{x})^2}{n - 1}}$$

EXEMPLO 4.14

Desvio padrão

É fornecida a duração, em minutos, das chamadas telefônicas feitas em três consultórios médicos. Vamos calcular a média, a variância e o desvio padrão.

Tabela 4.5 Tempo, em minutos, de chamadas telefônicas feitas em uma manhã, em três consultórios médicos

Consultório A	Consultório B	Consultório C
4	9	9
6	1	1
4	5	1
6	5	2
5	1	8
5	9	9

Tabela 4.6 Estatísticas calculadas

Estatísticas	Consultório A	Consultório B	Consultório C
Média	5	5	5
Variância	0,8	12,8	16,4
Desvio padrão	0,89	3,58	4,05

Em média, a duração, em minutos, das chamadas telefônicas feitas nos três consultórios médicos foi a mesma, isto é, de 5 minutos. No entanto, a duração das chamadas variou muito, de consultório para consultório. Compare, por exemplo, o desvio padrão 0,89 minutos do consultório A com o desvio padrão 4,05 minutos, no consultório C.

4.4.3 Uma fórmula prática para calcular a variância

A fórmula dada na seção 4.4.1 para calcular a variância da amostra pode ser desenvolvida algebricamente. Obtém-se, então, uma segunda fórmula, que, embora pareça mais complicada à primeira vista, permite que o cálculo da variância seja feito com menor número de operações aritméticas. Então prefira esta segunda fórmula, se você faz cálculos manualmente:

$$s^2 = \frac{\sum x^2 - \frac{(\sum x)^2}{n}}{n - 1}$$

EXEMPLO 4.15

Cálculo da variância pela fórmula prática

No Exemplo 4.13 foram dados os tempos em minutos que seis meninos permaneceram sobre seus *skates*: 4; 6; 4; 6; 5; 5. Veja o cálculo da variância:

Tabela 4.7 Cálculo da variância

x	x^2
4	16
6	36
4	16
6	36
5	25
5	25
$\Sigma x = 30$	$\Sigma x^2 = 154$

Então a variância é:

$$s^2 = \frac{154 - \frac{(30)^2}{6}}{5} = 0,8$$

4.5 Coeficiente de variação

Coeficiente de variação é a razão entre o desvio padrão e a média.

O coeficiente de variação não tem unidade de medida, ou seja, é *adimensional*. Isto acontece porque média e desvio padrão são medidos na mesma unidade, que então se cancelam. Pode, portanto, ser expresso em porcentagem. Então:

$$CV = \frac{s}{\bar{x}} \times 100$$

EXEMPLO 4.16

Coeficiente de variação

São dadas as idades em anos de seis pessoas que se candidataram a um serviço:

52 54,5 53 51 58 55,5

A média é 54 anos. Para calcular o desvio padrão, veja os cálculos auxiliares na Tabela 4.8.

Tabela 4.8 Cálculos auxiliares para obter média e desvio padrão

	x	$(x - \bar{x})$	$(x - \bar{x}^2)$
	52	−2	4
	54,5	0,5	0,25
	53	−1	1
	51	−3	9
	58	4	16
	55,5	1,5	2,25
Soma	324,0	0	32,5

A média é 54 anos, o desvio padrão é 2,55 e o coeficiente de variação é 4,72%.

O coeficiente de variação mede a *dispersão dos dados em relação à média*. Por ser adimensional, é útil para comparar a dispersão relativa de variáveis medidas em diferentes unidades.

EXERCÍCIOS

1. Fornecidos os valores 5, 3, 2 e 1, encontre:

a) O mínimo.

b) O máximo.

c) A amplitude.

2. Dados os valores 3, 8, 5, 5, 4, 3 e 7, encontre:

a) Σx

b) $\Sigma(x - \bar{x})^2$

3. Um problema nas universidades brasileiras é que os alunos chegam atrasados e saem antes do término das aulas, mesmo em cursos de bom nível. Um professor que tem 25 alunos conta o número de alunos que já estão em sala de aula no horário estabelecido e conta os que estão na sala quando a aula termina, nas manhãs das quartas-feiras, durante seis semanas. Encontre a média, a mediana e o desvio padrão dos dois conjuntos de dados. Comente.

Tabela 4.9 Número de alunos em sala de aula de acordo com o momento

Início	5	4	7	4	6	22
Término	23	20	24	25	23	23

4. Para estabelecer o preço de um produto, é necessário estimar o custo da produção. Um dos elementos do custo da produção é o tempo que o trabalhador despende para fabricar o produto. Para medir o tempo de produção, divide-se a tarefa em subtarefas e registra-se o tempo que cada trabalhador leva para executar várias vezes cada subtarefa. Depois, calculam-se médias e desvios padrões. A soma das médias das diversas subtarefas é uma estimativa do tempo que o trabalhador despende para fabricar o produto. Os dados em minutos na Tabela 4.10 resultaram de um estudo de tempo de uma operação de produção que envolvia duas subtarefas. Encontre:

a) O tempo médio de cada trabalhador para fabricar o produto.

b) A amplitude de cada subtarefa, para cada trabalhador.

c) Em que subtarefa e para que trabalhador ocorreu maior variabilidade?

Tabela 4.10 Tempo de execução de subtarefas de dois trabalhadores

Trabalhador A		Trabalhador B	
Subtarefa 1	Subtarefa 2	Subtarefa 1	Subtarefa 2
30	2	31	7
28	4	30	2
31	3	32	6
38	3	30	5
25	2	29	4
29	4	30	1
30	3	31	4

5. Calcule as médias e os desvios padrões das médias obtidas no exame vestibular por candidatos dos períodos diurno e noturno de diversos cursos, em uma universidade brasileira, em determinado ano. Em média, as notas mais altas foram para qual período? Em que período houve maior variabilidade de médias?

Tabela 4.11 Médias obtidas segundo o curso e o período

Curso	Período	
	Diurno	Noturno
Administração	51,2	47,1
Direito	55,1	59,0
Matemática	43,3	35,7
Letras	46,0	46,6
Física	43,0	43,0
Química	46,6	46,5
Ciências biológicas	49,5	42,6
Pedagogia	63,3	58,2
História	29,3	29,8

6. Uma empresa que faz venda por telefone admite diversas pessoas para anotar os pedidos. Os computadores que registram os pedidos também registram diversas variáveis sobre as chamadas telefônicas. Uma variável de interesse para planejamento do pessoal é o número de chamadas feitas por funcionário em cada turno de seis horas. Com base nos dados fornecidos na Tabela 4.12 crie um *box plot*.

Tabela 4.12 Número de chamadas de 30 funcionários por turno

72	78	8	78	98	90
103	89	87	80	78	91
87	69	97	90	86	99

7. Um fabricante de CDs para computador mediu o diâmetro de dez discos, tomados ao acaso. O diâmetro é uma medida crítica porque, se for grande, o disco não se ajusta e, se for pequeno, não será lido corretamente. As medidas, em polegadas, são fornecidas na Tabela 4.13. Encontre a mediana, a amplitude e os quartis.

Tabela 4.13 Diâmetros, em polegadas, referentes a dez CDs para computador

4,74	4,72	4,76	4,72	4,73
4,72	4,76	4,74	4,75	4,75

8. Adicione uma 11ª observação aos dados do Exercício 7. Recalcule as estatísticas. Comente.

9. Responda às questões:

a) A variância pode ser negativa?

b) A variância pode ser menor do que o desvio padrão?

c) O desvio padrão pode ser igual a 0?

10. Na área financeira, o desvio padrão é usado para medir, historicamente, a volatilidade da taxa de retorno de um investimento. O que você diria de uma ação que tem alto desvio padrão de seus preços?

11. Complete as frases:

a) Existem (dois, três ou quatro) ____________________ quartis em um conjunto de dados.

b) A amplitude é uma medida de ____________________.

c) O terceiro quartil corresponde ao (25º, 30º ou 75º) ___________ percentil.

12. Falso ou verdadeiro?

a) O 50º percentil corresponde à mediana.

b) Um dado discrepante afeta o valor da variância.

13. Uma empresa que faz venda por telefone tem recebido reclamações de seus clientes por causa do tempo que eles despendem ao telefone, esperando para serem atendidos[5]. A empresa verifica então o tempo que 15 clientes esperaram para serem atendidos. Os resultados

---

5 PELOSI, M. K.; SANDIFER, T. M. Doing statistics for business: data, inference and decision making. New York: Wiley, 2000. p. 141

estão na Tabela 4.14. Ache os valores mínimo, máximo e a amplitude. O que a amplitude mostra para a empresa? Calcule a mediana. O que a mediana informa para a empresa?

Tabela 4.14 Tempo de espera ao telefone, em minutos, para atendimento

Tempo de espera			
5,6	9,4	7,6	6,0
10,2	6,7	10,7	8,6
6,6	0,6	9,6	4,6
6,9	9,2	2,9	

14. Reveja o Exercício 14 do Capítulo 3. Calcule os quartis. Quantos idosos estão acima do terceiro quartil?

15. Reveja o Exercício 15 do Capítulo 3. Calcule o desvio padrão e a amplitude.

16. Reveja os Exercícios 15 e 16 do Capítulo 3. Calcule as médias e os desvios padrões obtidos para os dois fornecedores. Compare. Qual dos fornecedores você indicaria para a empresa?

17. Para um ensaio de resistência à compressão simples foram construídos prismas de taipa de pilão e neles feitas medições. A Associação Brasileira de Normas Técnicas (ABNT) exige que a média dos valores de resistência à compressão seja igual ou maior do que 1,5 MPa (15 kgf/cm^2) e os valores individuais superiores a 1,3 MPa (13 kgf/cm^2). Calcule a média, o valor mínimo e o desvio padrão. Os valores encontrados atendem à norma?

Tabela 4.15 Resistência à compressão, em mega pascal, em prismas de taipa de pilão

Resistência à compressão		
1,36	1,53	1,62
1,36	1,54	1,65
1,38	1,55	1,75
1,5	1,56	

18. Uma pessoa fez nove ligações de seu celular na última semana. O tempo, em minutos, de cada chamada foi:

7	12	1	5	8	2	2	4	4

Escolha a alternativa correta:

a) O desvio padrão é 0.

b) O desvio padrão é 4,0.

c) O desvio padrão é 2,8.

d) O desvio padrão é 3,5.

19. Uma empresa tem 38 funcionários, sendo a média de idade 32 anos e o desvio padrão de 4 anos[6]. Foram contratados mais dois funcionários, ambos com 32 anos. Em relação à variância original, a variância da nova distribuição de salários ficará:

6 Prova: Transpetro. Administrador Júnior. Fundação Cesgranrio. 2012. Disponível em: <https://www.aprovaconcursos.com.br/questoes-de-concurso/questao/171449>. Acesso em: 5 jul. 2017.

a) 5% menor
b) 23,75% menor
c) 76,25% menor
d) 95% menor
e) não se alterará

20. Uma importante característica de qualidade da água é a concentração de material sólido em suspensão, medido em mg/l. Foram feitas 12 medições em um lago, em 12 dias consecutivos e obtidos os resultados:

42,4	65,7	29,8	58,7	52,1	55,8	57,0	68,7	67,3	54,3	54,0

Ache a mediana, primeiro e terceiro quartis. Que valores estão acima do terceiro quartil, indicando pior qualidade da água?

5

capítulo

Relação entre duas variáveis

Você já deve ter ouvido falar que os preços caem quando aumenta a oferta de um produto no mercado. Muito provavelmente, já ouviu dizer que a pressão arterial aumenta quando a idade avança. E, talvez, já tenha participado de discussões – contra ou a favor – da opinião de que mais estudo significa melhor qualidade de vida. Portanto todos esses exemplos mostram que as pessoas procuram estabelecer *relação entre duas variáveis.*

5.1 Correlação linear

Vamos usar um exemplo numérico para estudar a relação entre variáveis. Existe relação entre o peso e a altura das pessoas? Todos nós sabemos que pessoas com a mesma altura podem ter pesos diferentes. Também sabemos que uma pessoa mais baixa pode ser mais pesada do que outra, mais alta. Mesmo assim, todos nós concordamos que peso e altura guardam alguma relação entre si. A relação não é perfeita, mas pessoas com 1,60 m pesam, *em média*, menos do que pessoas com 1,75 m, e pessoas com 1,75 m pesam, *em média*, menos do que pessoas com 1,90 m.

Para estudar o peso e a altura das pessoas, precisamos de pares de dados, isto é, precisamos do peso (Y) e da altura (X) de muitas pessoas, como mostra o Exemplo 5.1. Você sabe encontrar a média, o mínimo, o máximo e o desvio padrão de cada variável, mas o que interessa, aqui, é responder às questões:

a) As variáveis estão relacionadas?
b) Que tipo de relação existe entre elas?

EXEMPLO 5.1

Relação entre variáveis

Tabela 5.1 Altura, em metros, e peso, em quilogramas, de 22 homens

Número	Altura	Peso	Número	Altura	Peso
1	1,70	60	12	1,80	75
2	1,68	68	13	1,79	71
3	1,75	85	14	1,75	70
4	1,68	67	15	1,78	87
5	1,65	68	16	1,77	96
6	1,80	102	17	1,80	80
7	1,75	60	18	1,85	85
8	1,70	60	19	1,78	70
9	1,60	50	20	1,80	80
10	1,82	85	21	1,75	82
11	1,64	43	22	1,70	50

5.1.1 Diagrama de dispersão

A relação entre duas variáveis numéricas pode ser estudada por meio de um gráfico denominado *diagrama de dispersão*, feito da seguinte maneira:

a) Trace o sistema de eixos cartesianos e represente uma variável em cada eixo.
b) Estabeleça as escalas de maneira a dar ao diagrama o aspecto aproximado de um quadrado.
c) Escreva os nomes das variáveis nos respectivos eixos, marque as escalas e coloque os rótulos que indicam as marcações da escala.
d) Faça um ponto para representar cada par de valores X e Y.
e) Coloque título no gráfico.

O gráfico assim obtido é chamado *diagrama de dispersão*. O diagrama de dispersão permite visualizar a relação entre duas variáveis.

EXEMPLO 5.2

Diagrama de dispersão

Com os dados de altura e peso de 22 homens apresentados no Exemplo 5.1, vamos criar um diagrama de dispersão.

Figura 5.1 Peso e altura de 22 homens

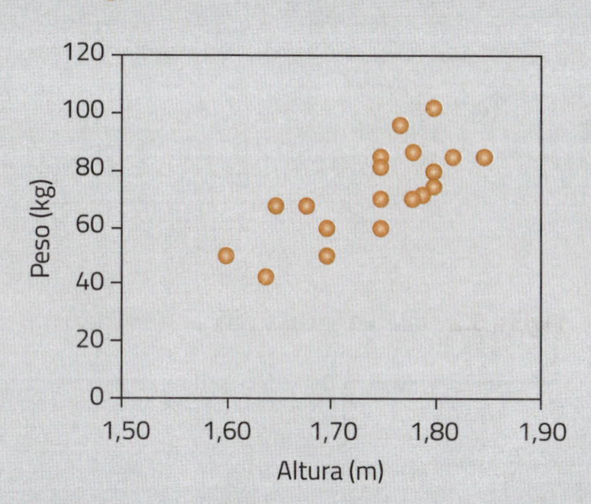

Os pontos dispostos no diagrama de dispersão permitem afirmar que às maiores alturas correspondem os maiores pesos, embora a relação não seja perfeita.

- Quando os pontos se distribuem em torno de uma reta, a relação entre as variáveis é *linear*.
- Quando os pontos se distribuem em torno de uma curva, a relação entre as variáveis é *não linear*.

EXEMPLO 5.3

Relação linear e relação não linear entre duas variáveis

Na Tabela 5.2 estão apresentados dois conjuntos de pares de valores das variáveis X e Y. A relação é linear no conjunto à esquerda e não linear no conjunto à direita, como é fácil ver, observando os diagramas de dispersão da Figura 5.2.

Tabela 5.2 Dois conjuntos de pares de valores de duas variáveis

Relação linear		Relação não linear	
X	Y	X	Y
1	2	1	7,0
2	6	2	5,2
3	5	3	3,5
4	8	4	4,0
5	6	5	2,8
6	9	6	2,1
7	10	7	2,0
8	8	8	2,0
9	12	9	1,2
10	10	10	1,6

Figura 5.2 Relação linear e relação não linear

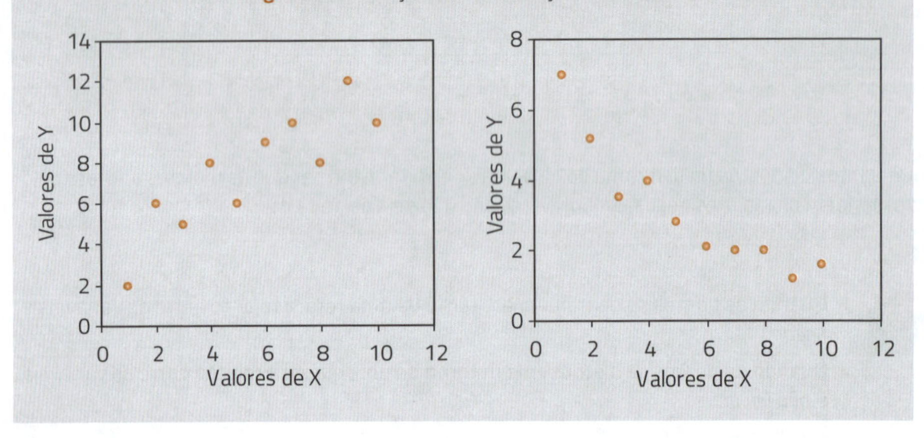

- Quando duas variáveis estão relacionadas, dizemos que existe *correlação* entre elas.
- A correlação é *positiva* se as variáveis crescem no mesmo sentido e é *negativa* se uma cresce enquanto a outra decresce.

EXEMPLO 5.4

Correlação positiva e correlação negativa entre variáveis

Dois conjuntos de pares de valores das variáveis *X* e *Y* são apresentados na Tabela 5.3. A correlação é positiva no conjunto à esquerda e negativa no conjunto à direita, como mostram os diagramas de dispersão da Figura 5.3.

Tabela 5.3 Dois conjuntos de pares de valores de duas variáveis

Correlação positiva		Correlação negativa	
X	Y	X	Y
1	2	1	8
2	0	2	12
3	6	3	8
4	3	4	10
5	9	5	4
6	4	6	9
7	10	7	3
8	8	8	6
9	12	9	0
10	8	10	2

Figura 5.3 Correlação positiva e correlação negativa

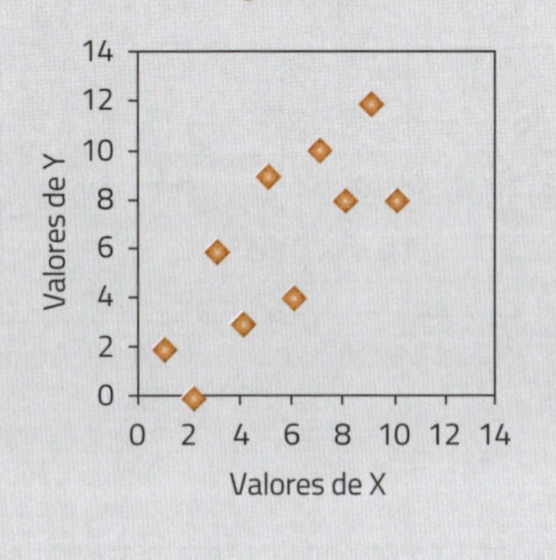

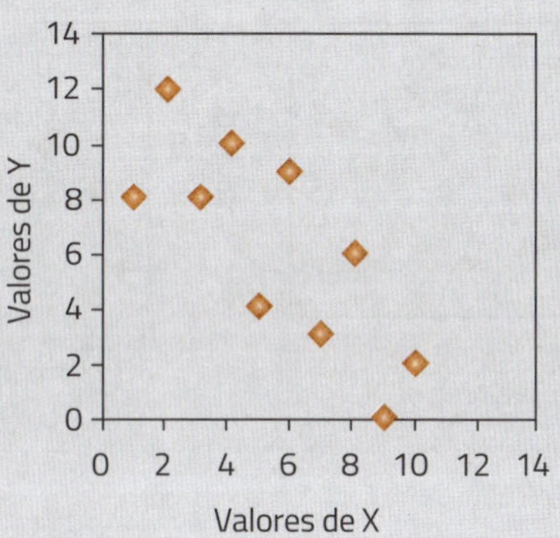

- Quanto *menor* for a dispersão dos pontos, tanto *maior* será o grau de correlação entre as variáveis.

EXEMPLO 5.5

Correlação fraca, forte e perfeita entre variáveis

Na Tabela 5.4 estão apresentados três conjuntos de pares de valores das variáveis *X* e *Y*. Fica fácil ver, observando os diagramas de dispersão da Figura 5.4, que a correlação é sempre positiva. Entretanto, o grau de correlação entre as variáveis é diferente: a correlação é *fraca* no conjunto à esquerda, *forte* no conjunto do meio e *perfeita* no conjunto à direita.

Tabela 5.4 Três conjuntos de pares de valores de duas variáveis

Correlação fraca		Correlação forte		Correlação perfeita	
X	Y	X	Y	X	Y
1	6	1	2	1	3
2	3	2	6	2	4
3	5	3	5	3	5
4	7	4	8	4	6
5	2	5	6	5	7
6	11	6	9	6	8
7	9	7	10	7	9
8	3	8	8	8	10
9	6	9	12	9	11
10	8	10	10	10	12

Figura 5.4 Correlação fraca, forte e perfeita

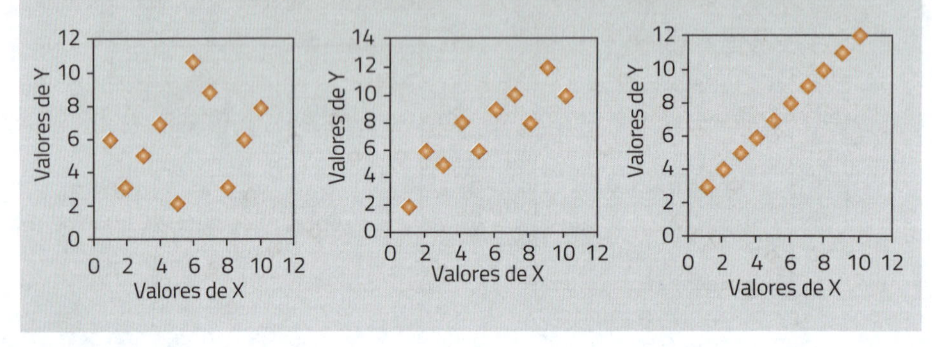

Duas variáveis têm correlação *nula* se uma cresce enquanto a outra varia ao acaso.

EXEMPLO 5.6

Correlação nula

A Tabela 5.5 apresenta um conjunto de pares de valores das variáveis *X* e *Y*. Veja o diagrama de dispersão da Figura 5.5: não existe qualquer tipo de relação entre as variáveis: *X* cresce e *Y* varia ao acaso.

Tabela 5.5 Pares de valores de duas variáveis

Correlação nula	
X	Y
1	3
2	1
3	6
4	4
5	3
6	2
7	6
8	4
9	3
10	2

Figura 5.5 Correlação nula

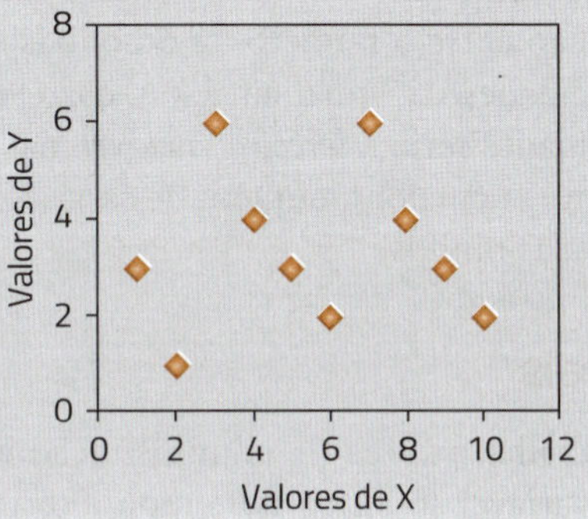

Desenhar um diagrama de dispersão é o primeiro passo para estudar a relação entre duas variáveis. Observe na figura que você desenhar:

- Se os pontos estão distribuídos em torno de uma reta, a relação entre as variáveis é linear.
- Se os pontos apresentam tendência ascendente, a correlação é positiva; se os pontos apresentam tendência descendente, a correlação é negativa.
- Quanto mais próximos os pontos estiverem distribuídos em torno de uma reta, maior é a correlação entre as variáveis.

5.1.2 Correlação espúria

A correlação entre duas variáveis pode ser *causal*, isto é, o aumento (ou diminuição) de uma delas pode ser a causa do aumento (ou diminuição) da outra. Por exemplo, a correlação entre o consumo de combustível dos automóveis e o número de quilômetros rodados é causal, porque os automóveis precisam de mais combustível para percorrer distâncias maiores. Da mesma forma, a correlação entre danos nas rodovias e quantidade de tráfego é explicada por uma relação de causa e efeito.

Existem, porém, situações em que duas variáveis têm correlação estatística, mas não há relação de causa e efeito entre elas. É o que os estatísticos chamam de *correlação espúria*. Na maioria das vezes, a correlação espúria é explicada por uma terceira variável que não foi observada, mas modifica as duas variáveis em estudo.

Um exemplo clássico de *correlação espúria* é a correlação entre a velocidade de leitura e o comprimento dos pés das crianças do curso fundamental. Mesmo sem dados, é razoável considerar que existe forte *correlação positiva* entre duas variáveis, que é explicada por uma terceira variável, a idade.

É preciso, portanto, cuidado ao interpretar uma correlação. Podemos concluir que existe relação causal entre duas variáveis quando, na verdade, essa relação não existe. Um exemplo muito conhecido foi dado por um estatístico que, há muito tempo, mostrou a correlação entre o número de cegonhas e o número de recém-nascidos, em pequenas cidades da Dinamarca.[1] A correlação é, evidentemente, *espúria*. O tamanho das cidades seria a *terceira variável*: nas cidades maiores tanto nasciam mais crianças como era maior o número de casas com chaminés, perto das quais as cegonhas faziam seus ninhos.

5.2 Séries temporais

É comum, para quem trabalha na área de administração e negócios, observar o comportamento de uma variável ao longo do tempo. Por exemplo, um executivo acompanha a cotação diária das ações da sua empresa, um gestor acompanha o volume semanal de vendas de sua loja, um engenheiro de produção acompanha, diariamente, algumas características de qualidade do produto que fabrica.

▸ *Série temporal* é uma sequência de dados usualmente obtidos e monitorados ao longo do tempo.

Quando se fazem observações ao longo do tempo, é preciso registrar tanto o valor observado como o momento da observação. Depois, com esse conjunto de dados, é possível fazer um *gráfico de linhas*.

---

1 O exemplo é de Gustav Fischer, que apresentou em gráfico a população da cidade de Oldenburg durante sete anos (de 1930 a 1936) e o número de cegonhas observadas em cada ano. In: Box, G. E; HUNTER, W. G.; HUNTER, J. S. *Statistics for experimenters*: an introduction to design, data analysis and model building. New York: Wiley, 1978.

5.2.1 Gráfico de linhas

Para fazer o gráfico de linhas:

1. Colete valores da variável Y nos tempos que você pretende estudar.
2. Trace um sistema de eixos cartesianos e represente o tempo no eixo horizontal e a variável Y no eixo vertical.
3. Estabeleça as escalas.
4. Escreva os nomes das variáveis nos respectivos eixos. Depois, faça as graduações.
5. Faça um ponto para representar cada par de valores x e y.
6. Una os pontos por segmentos de reta.
7. Escreva o título.

EXEMPLO 5.7

Taxa de fecundidade total

São dados o ano do Censo Demográfico do Brasil e a taxa de fecundidade total[2]. Vamos desenhar um gráfico de linhas.

Tabela 5.6 Taxa de fecundidade total no Brasil, segundo o ano

Ano	Taxa de fecundidade total
2000	2,39
2001	2,32
2002	2,26
2003	2,20
2004	2,14
2005	2,09
2006	2,04
2007	1,99
2008	1,95
2009	1,91
2010	1,87
2011	1,83
2012	1,80
2013	1,77
2014	1,74
2015	1,72

Fonte: IBGE (2017)

2 Taxa de fecundidade é o número médio de filhos nascidos vivos por mulher entre 15 e 49 anos em determinado espaço geográfico. *Brasil em síntese*. Disponível em: <ibge.gov.br/populacao/taxas-de-fecundidade-total.htm>. Acesso em: 9 jun. 2017.

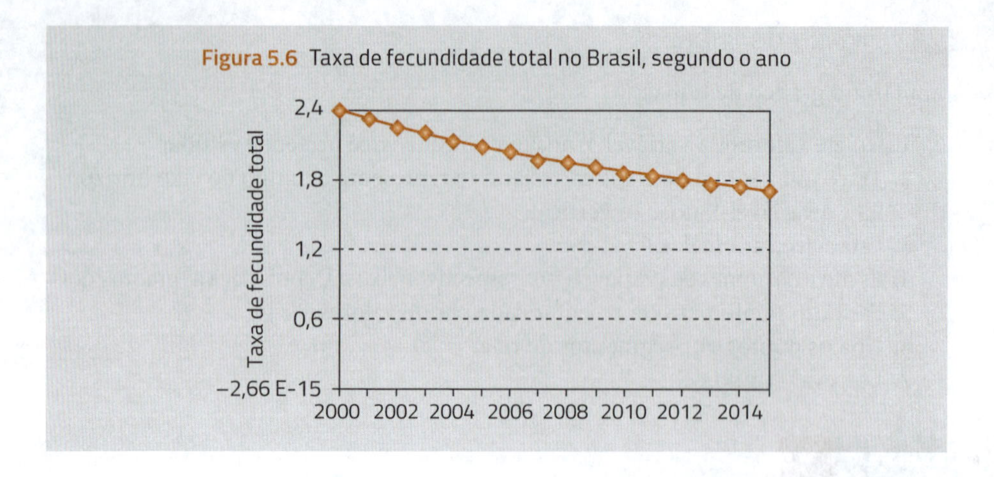

Figura 5.6 Taxa de fecundidade total no Brasil, segundo o ano

O gráfico de linhas é usado para apresentar a variação de uma série temporal, como mostra o Exemplo 5.7. Você encontra, facilmente, exemplos de gráficos de linhas que mostram o histórico de qualquer ação da Bovespa, a evolução histórica do salário mínimo desde 1940 etc.

- O *gráfico de linhas*, como diz o nome, são linhas contínuas que ligam todos os pontos que estão no diagrama de dispersão, permitindo visualizar o tipo de relação que existe entre as duas variáveis.

5.2.2 Extrapolação

Um cuidado importante, quando se estuda um gráfico de linhas, é lembrar que a tendência observada em determinado período *nem sempre permanecerá* igual em outro período. A *extrapolação* é, na maioria das vezes, incorreta ou até desastrosa. Por exemplo, por volta dos 6 anos começam a irromper dentes permanentes em crianças, mas isso acontece até certa idade. Evidentemente, ninguém espera, porque irromperam quatro dentes em uma criança entre os 7 e 8 anos, que isso ocorra entre 30 e 31 anos de idade.

5.3 Regressão e correlação

5.3.1 Regressão linear simples

Imagine um quadrado com 1 cm de lado. A área é 1 cm^2. Se você aumentar os lados do quadrado em 1 cm, terá um quadrado com área de 4 cm^2. Caso continue aumentando o lado do quadrado de 1 cm em 1 cm, a área continuará aumentando. E você saberá dizer *exatamente* a área do quadrado para cada tamanho de lado.

Pense agora em um supermercado que vai aumentar sua verba com propaganda porque – dizem – quem não se anuncia se esconde. Vamos então considerar que o aumento do volume de vendas é função do aumento dos gastos com propaganda. Você acredita que existe uma *relação exata* entre essas variáveis, isto é, para cada real pago pela propaganda haverá um aumento fixo no volume nas vendas?

Não é assim. As vendas aumentam em certas épocas do ano. O volume de vendas depende dos preços e dos aumentos de salário, depende da concorrência e de outros fatores, além, é claro, da propaganda. Mesmo que nós conhecêssemos muitas das causas que explicam o volume de vendas em supermercados, ainda assim não saberíamos prever *exatamente* o volume de vendas. Sempre existiria o *acaso*, aumentando ou diminuindo o volume de vendas.

Com esses exemplos queremos lembrar que existem *relações determinísticas*, como é a relação entre lado e área de uma figura geométrica, e *relações probabilísticas*, como é a relação entre gasto com propaganda e volume de vendas. No primeiro caso, não existe espaço para o erro na previsão, isto é, dados os lados de um quadrado, você pode dizer *exatamente* qual é a área. No segundo caso, é possível alguma previsão, mas dentro de certas margens de erro.

O Exemplo 5.8 mostra que o tempo de entrega de um carregamento de mercadorias depende da distância rodoviária a ser percorrida. Dizemos, então, que o tempo de entrega é *variável dependente*, e a distância rodoviária a ser percorrida é uma *variável explanatória*, porque explica a variação do tempo.

A dependência de uma variável, que indicaremos por *Y*, em relação à outra variável, que indicaremos por *X*, é estudada, em Estatística, por uma técnica denominada *regressão*. Vamos entender isso.

EXEMPLO 5.8

Relação linear entre variáveis

São fornecidos os tempos de entrega de dez carregamentos de mercadorias por expedição rodoviária e as distâncias percorridas. Vamos criar um diagrama de dispersão.

Tabela 5.7 Tempo de entrega de carregamentos de mercadorias, por expedição rodoviária, em função da distância rodoviária percorrida

Distância (em km)	Tempo de entrega (em dias)
215	1
480	1
325	1,5
550	2
920	3
670	3
825	3,5
1.070	4
1.350	4,5
1.215	5

Figura 5.7 Diagrama de dispersão para o tempo de entrega de carregamentos de mercadorias, por expedição rodoviária, em função da distância rodoviária percorrida

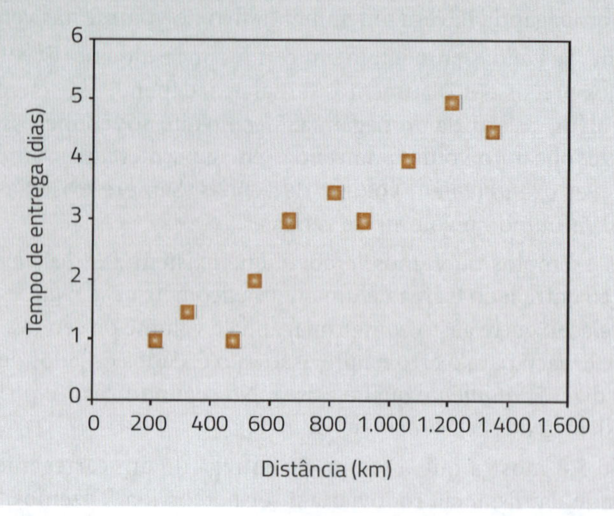

EXEMPLO 5.9

Reveja o Exemplo 5.8. São fornecidos os tempos de entrega de dez carregamentos de mercadorias por expedição rodoviária e as distâncias percorridas. Reveja o diagrama de dispersão apresentado na Figura 5.7: os pontos se distribuem em torno da reta traçada na Figura 5.8.

Figura 5.8 Reta de regressão para o tempo de entrega de carregamentos de mercadorias, por expedição rodoviária, em função da distância rodoviária percorrida

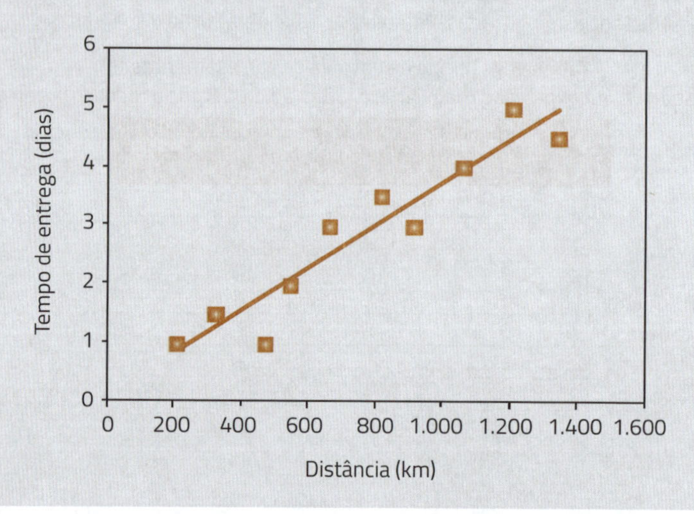

A reta de regressão apresentada na Figura 5.9 explica a *relação funcional* entre tempo de entrega de carregamentos de mercadorias por expedição rodoviária e a distância rodoviária percorrida. Essa reta ajuda a entender como as mudanças na variável explanatória (no exemplo, mudanças na distância percorrida) determinam variações nos valores da variável dependente (no exemplo, variações no tempo de entrega). Se nós soubermos a relação que existe entre distância e tempo, podemos prever o tempo de entrega de carregamentos de mercadorias, sabendo a distância a ser percorrida. Mas como se acha essa reta?

Primeiro, é preciso lembrar que a equação de uma reta é dada por:

$$Y = a + bX$$

O *coeficiente linear da reta*, indicado neste livro por *a*, dá a *altura* em que a reta corta o eixo das ordenadas. Se *a* for um número:

- *positivo*, a reta corta o eixo das ordenadas *acima* da origem;
- *negativo*, a reta corta o eixo das ordenadas *abaixo* da origem;
- *zero*, a reta passa na origem do sistema de eixos cartesianos.

EXEMPLO 5.10

Equação da reta: coeficientes lineares diferentes

Figura 5.9 Apresentação gráfica de retas com diferentes coeficientes lineares

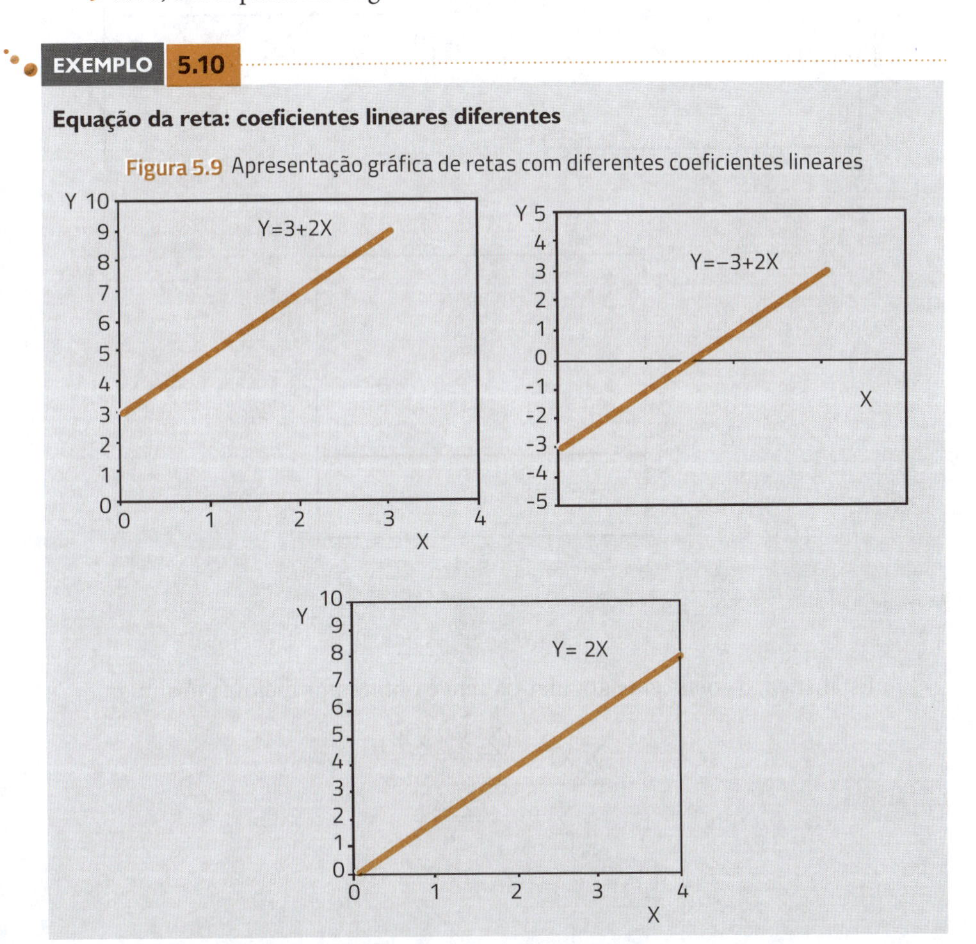

O *coeficiente angular da reta*, indicado neste livro por b, dá a inclinação da reta. Se b for um número:

- *positivo*, a reta é ascendente;
- *negativo*, a reta é descendente;
- *zero*, a reta é paralela ao eixo das abscissas.

EXEMPLO 5.11

Equação da reta: coeficientes angulares diferentes

Figura 5.10 Apresentação gráfica de retas com diferentes coeficientes angulares

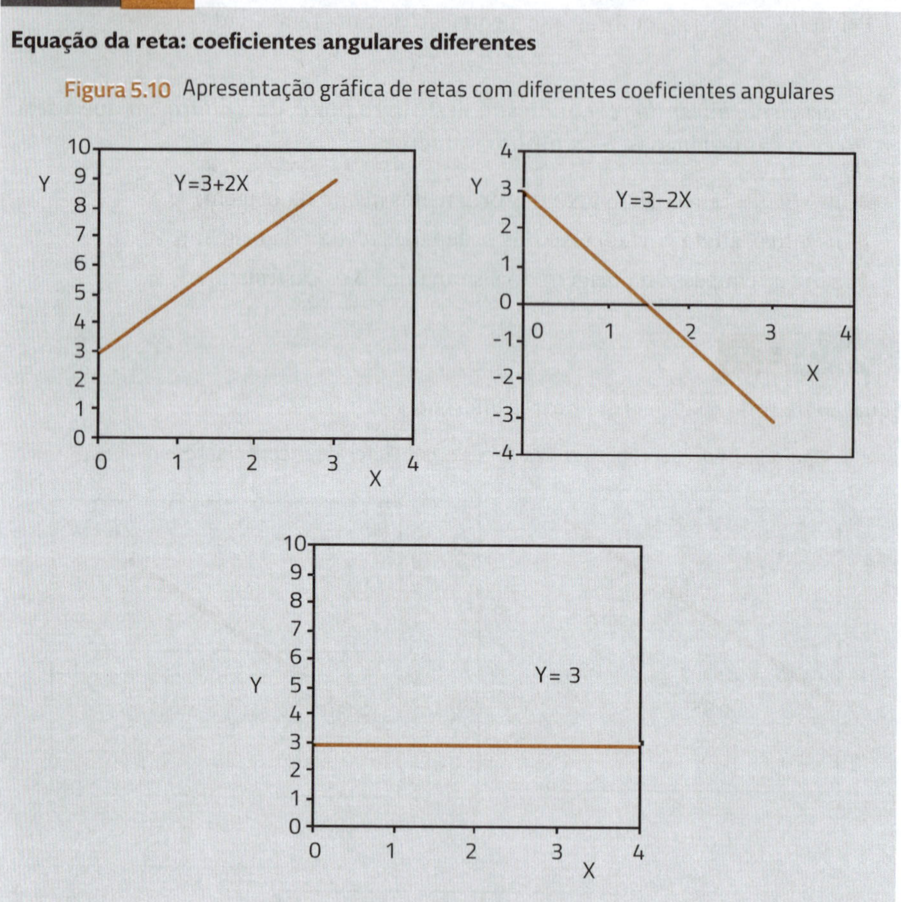

Em Estatística, o coeficiente angular da reta é obtido por meio da fórmula:

$$b = \frac{\sum XY - \frac{(\sum X)(\sum Y)}{n}}{\sum X^2 - \frac{(\sum X)^2}{n}}$$

e o coeficiente linear é obtido por meio da fórmula:

$$a = \bar{Y} - b\bar{X}$$

em que $\overline{Y}$ e $\overline{X}$ são as médias de Y e X, respectivamente. Veja o Exemplo 5.12.

EXEMPLO 5.12

Reveja o Exemplo 5.8. Seja X a variável que representa a distância rodoviária e Y a variável que representa o tempo de entrega, então o modelo que relaciona as duas variáveis é:

$$Y = a + bX$$

Na Tabela 5.8 são dados os cálculos para obter a equação da reta.

Tabela 5.8 Cálculos para obter a equação da reta

Distância (x)	Tempo de entrega (y)	XY	x^2
215	1,0	215	46.225
480	1,0	480	23.0400
325	1,5	487,5	105.625
550	2,0	1.100	302.500
920	3,0	2.760	846.400
670	3,0	2.010	448.900
825	3,5	2.887,5	680.625
1.070	4,0	4.280	1.1449.00
1.350	4,5	6.075	1.822.500
1.215	5,0	6.075	1.476.225
$\Sigma x = 7.620$	$\Sigma y = 28{,}5$	$\Sigma xy = 26.370$	$\Sigma x^2 = 7.104.300$

$$b = \frac{\sum xy - \frac{\sum x \sum y}{n}}{\sum x^2 - \frac{\left(\sum x\right)^2}{n}}$$

$$b = \frac{26.370 - \frac{7.620 \times 28{,}5}{10}}{7.104.300 - \frac{(7.620)^2}{10}}$$

$$b = \frac{26.370 - 21.717}{7.104.300 - 5.806.440}$$

$$b = \frac{4.653}{1.297.860} = 0{,}003585$$

$$a = \overline{y} - b\overline{x}$$

$$a = \frac{28,5}{10} - 0,003585 \times \frac{7.620}{10}$$

$$a = 2,85 - 0,003585 \times 762 = 0,1181$$

Todos esses cálculos são realizados com facilidade no computador. Agora, com os valores já calculados de *a* e *b*, podemos escrever a equação da reta que mais bem se ajusta aos dados:

$$Y = 0,1181 + 0,0036X$$

Para que serve a reta de regressão? Se a reta se ajusta bem aos dados, fica claro que o fenômeno é linear, no período estudado. Então acréscimos constantes em X (no exemplo, distância) determinam acréscimos constantes em Y (no exemplo, tempo). A reta serve para fazer previsões para valores de Y.

EXEMPLO 5.13

Qual é o tempo previsto para a entrega de um carregamento de mercadorias por expedição rodoviária se a distância percorrida for de 900 km? Reveja o Exemplo 5.11. A reta ajustada aos dados apresentados na Tabela 5.8 é:

$$Y = 0,1181 + 0,0036X$$

Então, para responder à pergunta, veja que $X = 900$. Para determinar o tempo de entrega, use a equação, ou seja, calcule:

$$Y = 0,1181 + 0,0036 \times 900 \cong 3,4$$

Veja a Figura 5.11.

Figura 5.11 Estimativa de valor

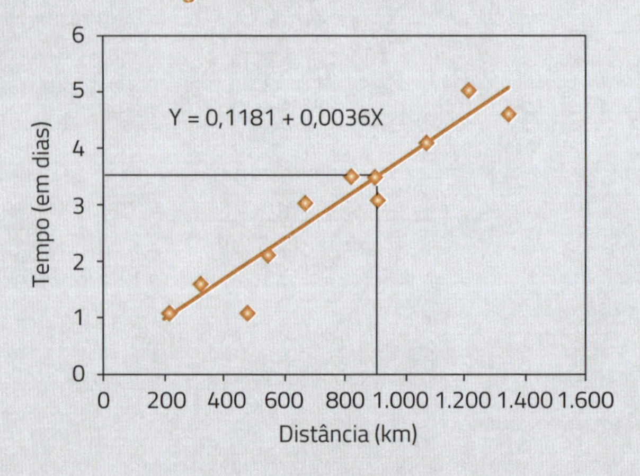

Antes de ajustar uma reta de regressão, é importante criar o diagrama de dispersão. Esse cuidado ajuda a prevenir o uso de modelos inadequados. Algumas vezes, basta observar o diagrama para perceber que a relação entre as variáveis não é linear.

5.3.2 Correlação linear simples

Existe uma medida para o *grau de relação linear* entre duas variáveis numéricas. Essa medida é o *coeficiente de correlação de Pearson*, que é representado por r e é definido pela fórmula:

$$r = \frac{\sum XY - \frac{(\sum X)(\sum Y)}{n}}{\sqrt{\left[\sum X^2 - \frac{(\sum X)^2}{n}\right]\left[\sum Y^2 - \frac{(\sum Y)^2}{n}\right]}}$$

em que n é o número de pares de dados. A quantidade r mede a *força e a direção* de uma relação linear entre duas variáveis. A fórmula é assustadora, mas hoje o cálculo de r é facilmente realizado no computador. Mas se quiser saber como se aplica essa fórmula, veja o Exemplo 5.14.

EXEMPLO 5.14

Cálculo do coeficiente de correlação

Calcule o coeficiente de correlação para os dados da Tabela 5.9.

Tabela 5.9 Valores observados de duas variáveis, *X* e *Y*

X	Y
1	2
2	0
3	6
4	3
5	9

Para obter o coeficiente de correlação entre *X* e *Y* foram feitos os cálculos intermediários que estão na Tabela 5.10. Na última linha dessa tabela estão os somatórios.

Tabela 5.10 Cálculos intermediários para a obtenção do coeficiente de correlação

X	Y	XY	X^2	Y^2
1	2	2	1	4
2	0	0	4	0
3	6	18	9	36
4	3	12	16	9
5	9	45	25	81
$\Sigma X = 15$	$\Sigma Y = 20$	$\Sigma XY = 77$	$\Sigma X^2 = 55$	$\Sigma Y^2 = 130$

Substituindo, na fórmula, os somatórios pelos valores calculados na Tabela 5.10 e lembrando que n é o tamanho da amostra (no exemplo $n = 5$), obtemos:

$$r = \frac{77 - \frac{15 \times 20}{5}}{\sqrt{\left[55 - \frac{(15)^2}{5}\right]\left[130 - \frac{(20)^2}{5}\right]}}$$

$$r = \frac{77 - 60}{\sqrt{[55 - 45][130 - 80]}}$$

$$r = \frac{17}{\sqrt{[10][50]}}$$

$$r = \frac{17}{\sqrt{500}} = \frac{17}{22{,}36068} = 0{,}760$$

O valor do coeficiente de correlação (r) varia entre –1 e +1, inclusive. O sinal indica se a correlação é *positiva* ou *negativa*.

Mas, que valor deve ter o coeficiente de correlação[3] para que a relação entre as variáveis seja julgada, por exemplo, forte? Uma regra prática[4], embora rudimentar, é a seguinte. Se:

- $r = -1$: correlação perfeita negativa;
- $-1{,}00 \leq r < -0{,}75$: correlação negativa forte;
- $-0{,}75 \leq r < -0{,}50$: correlação negativa moderada;
- $-0{,}50 \leq r < -0{,}25$: correlação negativa fraca;
- $-0{,}25 \leq r < 0$: correlação negativa pequena ou nula;
- $0 \leq 0{,}25$: correlação positiva pequena ou nula;
- $0{,}25 \leq r < 0{,}50$: correlação positiva fraca;
- $0{,}50 \leq r < 0{,}75$: correlação positiva moderada;
- $0{,}75 \leq r < 1{,}00$: correlação positiva forte;
- $r = 1$: correlação perfeita positiva.

3 Para ter significado estatístico, o valor do coeficiente de correlação (r) deve ser julgado considerando o tamanho da amostra (n), por meio de um teste estatístico. Veja VIEIRA, S. *Introdução à bioestatística*. 4. ed. Rio de Janeiro: Campus-Elsevier, 2010.

4 Não use a regra para $n < 20$.

5.3.3 Coeficiente de determinação

O *coeficiente de determinação*, indicado por R^2, é, matematicamente, igual ao quadrado do coeficiente de correlação[5]. Varia, portanto, entre 0 e 1, inclusive. Escrevemos:

$$0 \leq R^2 \leq 1$$

O valor de R^2 mostra a força da relação linear entre X e Y. Se a reta de regressão passa exatamente sobre os pontos do diagrama de dispersão, $R^2 = 1$. Nesse caso, a correlação linear é perfeita: toda variação em Y está relacionada com a variação em X.

Se os valores de X aumentam e Y varia ao acaso, não existe relação linear entre as variáveis. Nesse caso, o valor do *coeficiente de determinação* deve ser 0, ou estar muito próximo de 0.

O *coeficiente de determinação* pode ser entendido como a proporção de variação de uma variável Y explicada pela variação da variável X. Mede-se, assim, a *contribuição* de X na *previsão* de Y.

Coeficiente de determinação

Para o Exemplo 5.12, $R^2 = 0{,}900$. Isso significa que 90% da variação do tempo de entrega da carga por um caminhão é explicada pela distância rodoviária.

EXERCÍCIOS

1. Faça um diagrama de dispersão para os dados apresentados na Tabela 5.11.

Tabela 5.11 Valores de X e Y

X	Y
−2	6
−1	2
0	3
1	0
2	1

5 Caso a regressão seja linear e simples.

2. Faça um diagrama de dispersão para os dados apresentados na Tabela 5.12.

Tabela 5.12 Valores de *X* e *Y*

X	*Y*
−2	−2
−1	1
0	2
1	5
2	6

3. Uma empresa que fabrica sabonetes quer saber se o aumento de gasto com propaganda está relacionado ao aumento de vendas. O administrador da empresa coleta os seguintes volumes de valores gastos com propaganda e volume de vendas, de quatro meses. Será que existe alguma relação entre essas variáveis?

Tabela 5.13 Gastos, em dólares, com propaganda e aumento de número de itens vendidos

Gastos	Vendas
143,8	855
91,7	360
43,8	170
26,7	130

Fonte: PELOSI, M. K.; SANDIFER, T. M. *Doing statistics for business.* New York: Wiley, 2000. p. 190.

4. Sem ver os dados, diga que tipo de correlação você espera entre:
   a) A idade de pessoas adultas e velocidade de corrida.
   b) O número de vendedores na loja e volume de vendas feitas por dia.
   c) A idade de uma pessoa e sua expectativa de vida.
   d) A estatura de um homem e o número de fios de cabelo.

5. Uma agência de viagens tem interesse em determinar se o preço das passagens aéreas está relacionado com a distância percorrida. Foram obtidos os dados apresentados na Tabela 5.14. O que você acha?

Tabela 5.14 Preços das passagens aéreas, em dólares, e respectivas distâncias, em milhas

Distâncias (em milhas)	Preços (em dólares)
2.375	430
1.400	272
1.250	252
2.325	422
985	207
2.025	373

Fonte: PELOSI, M. K.; SANDIFER, T. M. *Doing statistics for business.* New York: Wiley, 2000. p. 194.

6. Uma empresa tem interesse em determinar a relação entre o número de dias despendidos no treinamento de seus funcionários em determinada tarefa e o desempenho deles, medido por um teste padrão. Os gestores coletam, então, os dados apresentados na Tabela 5.15. Crie um gráfico e comente.

Tabela 5.15 Escore no teste de desempenho em função dos dias de treinamento

Dias de treinamento	Escore
1,0	41
1,5	60
2,0	72
2,5	91
3,0	99

Fonte: PELOSI, M. K.; SANDIFER,T. M. *Doing statistics for business.* New York: Wiley, 2000. p. 196.

7. Explique o que cada um dos seguintes coeficientes de correlação informa sobre a relação entre X e Y:

a) $r = 1$

b) $r = -1$

c) $r = 0$

d) $r = 0{,}90$

e) $r = -0{,}90$

8. Calcule o coeficiente de correlação para os conjuntos de dados apresentados nos Exercícios 1 e 2.

9. A Tabela 5.16 apresenta o tempo, em meses, que seis pessoas estão trabalhando na inspeção de carros e o número de carros que elas inspecionaram em uma tarde de trabalho. Ajuste uma reta de regressão aos dados e calcule o coeficiente de determinação. Se uma pessoa tivesse trabalhado dez meses, quantos carros teria inspecionado?

Tabela 5.16 Número de carros inspecionados, segundo o tempo de serviço, em meses, de seis pessoas

Tempo de serviço	Nº de carros inspecionados
5	16
1	15
7	19
9	23
2	14
12	21

10. Crie um diagrama de dispersão e, sem fazer cálculos, encontre a reta de regressão para os dados apresentados na Tabela 5.17.

Tabela 5.17 Dados de duas variáveis, *X* e *Y*

X	Y
0	5
1	4
2	3
3	2
4	1

Fonte: SILVER, M. *Estatística para administração.* São Paulo: Atlas, 2000.

11. Complete as frases:

a) Coeficiente de correlação com valor igual a ________________ indica correlação perfeita negativa entre as variáveis.

b) Uma correlação negativa entre *X* e *Y* indica que os valores maiores que *X* estão associados com valores ________________ que *Y*.

c) Você espera correlação (________________) entre a idade de um computador e o valor para revenda.

12. Falso ou verdadeiro?

a) Correlação positiva entre *X* e *Y* indica que os valores maiores de *X* estão associados com valores maiores de *Y*.

b) Causa e correlação explicam o mesmo conceito.

13. Na Tabela 5.18 são dadas as medições de um precipitado químico (*y*) e a quantidade do reagente (*x*) usada para obter o precipitado[6]. Calcule a reta de regressão e o coeficiente de determinação. A quantidade de reagente explica o valor da quantidade medida do precipitado?

Tabela 5.18 Medições de um precipitado químico (*y*) e a quantidade do reagente usada (*x*)

x	y	x	y
9,4	8,2	12,2	7,5
6,5	5,8	13,3	7,9
7,3	6,4	14,2	8,6
7,9	5,9	13,8	9,0
9,0	6,5	11,3	8,1
9,3	7,1	8,1	5,7
10,6	7,8	6,1	5,3
11,4	8,1		

6 DUNCAN, A. J. *Quality control and industrial statistics*. 5. ed. Homewood: Irwin, 1986. p.826

14. A resistência ao cisalhamento e o diâmetro da soldagem a pontos de aço[7] são apresentados na Tabela 5.19. Desenhe o diagrama de dispersão e trace a reta de regressão.

Tabela 5.19 Diâmetro, em polegadas, da soldagem a ponto de aço e a resistência ao cisalhamento (em libras)

Diâmetro da solda	Resistência ao cisalhamento
190	680
200	800
209	780
215	885
215	975
215	1.025
230	1.100
250	1.030
265	1.175
250	1.300

15. Em um verão especialmente quente, a quantidade de energia elétrica em megawatts consumida e a temperatura, em graus Fahrenheit, na cidade de Nova York a determinada hora do dia, em dez dias diferentes, foram relatadas pelo jornal *The New York Times*[8]. Os dados estão na Tabela 5.20. Você acha que a quantidade de energia elétrica usada foi provavelmente motivada pelas altas temperaturas? Desenhe um diagrama de dispersão e calcule o coeficiente de correlação.

Tabela 5.20 Temperatura na cidade e energia elétrica consumida

Temperatura (°F)	Energia elétrica (MW)
95	10.805
99	10.752
100	10.667
93	10.654
90	10.567
95	10.551
101	10.398
90	10.391
90	10.368
96	10.349

16. É dada a população do Brasil segundo o ano do Censo Demográfico. Com os dados apresentados na Tabela 5.21, faça um gráfico de linhas. O que você acha?

7 DUNCAN, A. J. *Quality control and industrial statistics*. 5. ed. Homewood: Irwin, 1986. p. 809

8 PELOSI,M.K.; SANDIFER, T. M. *Doing statistics for business:* data, inference and Decision making. New York: Wiley, 2000. p. 220.

Tabela 5.21 População brasileira nos censos demográficos: 1872-2010

Ano do censo	População
1872[1]	9.930.478
1980[1]	14.333.915
1900[1]	17.438.434
1920[1]	30.635.605
1940[1]	41.236.315
1950[1]	51.944.397
1960[2]	70.992.343
1970[2]	94.508.583
1980[2]	121.150.573
1991[2]	146.917.459
2000[2]	169.590.693
2010[2]	190.755.799

Fonte: IBGE, Censo Demográfico 2010[9].
(1) População presente.
(2) População residente.

17. Quantidades previamente pesadas de zinco, medidas em miligramas, foram dissolvidas em 100 milímetros de um ácido[10]. As soluções foram entregues a um químico, para a determinação da quantidade de zinco na solução. De posse dos resultados apresentados na Tabela 5.22, ajuste a equação de uma reta. Qual é o significado do que achou?

Tabela 5.22 Quantidade de zinco existente na solução e determinação feita, em milímetros

Quantidade de zinco	
Dissolvido	Determinado
0,102	0,097
0,213	0,207
0,306	0,300
0,407	0,393
0,511	0,502
0,602	0,613

18. Em um modelo de regressão linear, se a variável explicativa e a variável resposta não se correlacionam, o coeficiente de determinação seria próximo de 0. Além disso, se o coe-

9 Disponível em: <http://www.ibge.gov.br/home/estatistica/populacao/censo2010/>. Acesso em: 7 jun. 2016.
10 BOX, G. E. ; HUNTER, W. G. ; HUNTER, J. S. *Statistics for experimenters: an introduction to design, data analysis and model building.* New York: Wiley, 1978. p. 458.

ficiente de determinação fosse próximo de 0, as variáveis explicativas e a resposta seriam independentes[11].

a) Errado

b) Certo

19. Na Tabela 5.23 são dados o tempo de serviço (X), em anos, de cinco funcionários de uma empresa e os respectivos salários (Y), em reais, por hora[12]. Calcule e interprete o coeficiente de correlação r. Desenhe um gráfico.

Tabela 5.23 Tempo de serviço (X), em anos e salários (Y) em reais/hora

X	Y
5	25
3	20
4	21
10	35
15	38
37	139

20. Sobre o coeficiente de determinação na regressão linear simples é correto afirmar que[13]

a) Mede a capacidade de predição do modelo.

b) Mede o quanto o modelo linear é apropriado.

c) Mede a magnitude da inclinação da reta de regressão.

d) Sua magnitude não depende do intervalo de variação de X.

e) Mede a proporção da variabilidade da variável resposta (Y) que é explicada por X.

---

11 Provas. Tribunal de Justiça de Sergipe. Analista Judiciário. Centro de Seleção e de Promoção de Eventos, Universidade de Brasília. Disponível em: <https://www.aprovaconcursos.com.br/questoes-de-concurso/prova/cespe-2014-tj-se-analista-judiciario-estatistica>. Acesso em: 30 jun. 2017.

12 *Correlation and regression*. Disponível em: <http://websupport1.citytech.cuny.edu/Faculty/mbessonov/MAT1272/Worksheet%20November%2014%20Solutions.pdf>. Acesso em: 10 jul. 2017.

13 Provas. DETRAN-RO. Estatístico Instituto de Desenvolvimento Educacional, Cultural e Assistencial Nacional, 2014.

Introdução à amostragem

As pesquisas de opinião sobre a popularidade de um político, as pesquisas de mercado sobre as preferências do consumidor, os estudos epidemiológicos sobre a prevalência de doenças geram dados para análise e interpretação. Mas nem sempre é possível levantar todos os dados. Um exemplo disso são as pesquisas eleitorais, que dão as estimativas da porcentagem de votos para cada candidato. Essas pesquisas começam muito antes das eleições e os resultados são publicados com muita regularidade. Mas quem são as pessoas que os institutos de pesquisa devem entrevistar?

Se estivermos pensando em eleições presidenciais, a ideia seria entrevistar *todos* os portadores de título de eleitor no Brasil. Entretanto, como as pesquisas eleitorais são feitas regularmente, não seria fácil entrevistar todos os eleitores (incluindo você e eu) a cada dez dias, por exemplo, para conhecer a intenção de voto de cada um de nós. Então as pesquisas eleitorais são feitas com pequeno número de eleitores: de 1.500 a 3.000. É o que chamamos de *amostras*.

6.1 O que é população e o que é amostra?

- *População* ou *universo* é o conjunto de unidades sobre o qual desejamos obter informação.
- *Amostra* é todo subconjunto de unidades retiradas de uma população para obter a informação desejada.

EXEMPLO 6.1

Populações

São exemplos de populações: todos os portadores de carteira de trabalho no Brasil, todos os eleitores do Distrito Federal, todos os portadores de telefone celular do Rio Grande do Sul, todas as passagens aéreas vendidas no mês por uma agência de turismo, todas as pizzas entregues em domicílio por uma pizzaria em determinado mês, todos os acidentes de trânsito ocorridos em determinado estado nos feriados de Natal.

Caso a população seja pequena, é possível medir a variável em estudo em todas as unidades da população. Por exemplo, se você quiser saber o salário inicial dos formandos de determinado ano de uma universidade, é razoável pensar em obter todos os salários. O levantamento de dados de toda a população chama-se *censo*. Na maioria das vezes, porém, não é possível fazer um censo. Fazemos *amostragem*.

As razões para levantar dados por meio de amostras (amostragem) e não com toda a população (censo) são poucas, mas absolutamente relevantes. A primeira razão é o fato de algumas populações serem tão grandes que só podem ser estudadas por meio de amostras. Por exemplo, quantos peixes existem no mar? Em determinado momento, esse número é matematicamente finito, mas tão grande que pode ser considerado infinito para qualquer finalidade prática. Então, quem faz pesquisas sobre peixes marítimos trabalha, necessariamente, com amostras.

Outra razão é o custo e a demora para obter os dados, no caso de censos. Por exemplo, qual é a opinião dos telespectadores de uma novela sobre o que deve acontecer com determinado personagem? Avaliar toda a população pode ser impossível para o pesquisador, porque levaria muito tempo e custaria muito caro.

O uso de amostras tem, ainda, outro motivo: é impossível estudar algumas populações. Por exemplo, uma empresa que fabrica fósforos e queira testar a qualidade do produto que fabrica, não pode acender todos os fósforos que fabricou, mas apenas alguns deles.

Uma última razão para obter amostras é o fato de que estudar cuidadosamente uma amostra tem mais valor científico do que estudar rapidamente toda a população. Por exemplo, se um pesquisador quiser levantar hábitos de consumo de bebidas alcoólicas entre adolescentes de uma grande cidade, é melhor que faça a avaliação criteriosa de uma amostra, e não a avaliação sumária de toda a população de adolescentes dessa cidade.

6.2 Como se obtém uma amostra?

Antes de obter uma amostra, é preciso definir o *critério* que será usado para selecionar as unidades que comporão essa amostra. De acordo com o critério escolhido, tem-se um tipo de amostra, que será definida aqui:

- amostra casual ou aleatória;
- amostra sistemática;
- amostra por quotas.

6.2.1 Amostra casual ou aleatória

Para obter uma amostra casual, a população precisa estar numerada ou ser numerável. Você pode, portanto, coletar uma amostra aleatória dos clientes de um banco, mas não pode coletar uma amostra aleatória da população brasileira, pois seria impossível dar um número a cada pessoa que constitui essa população.

6.2.1.1 Amostra casual simples

- A amostra casual simples é constituída por unidades retiradas da população por *procedimento totalmente aleatório.*

Hoje são utilizadas computadores para selecionar as unidades da população que constituirão uma amostra casual simples. Mas para entender a lógica, facilita pensar em um sorteio com fichas em uma urna. Cada unidade da população está identificada por um número. Escreva, então, o número de todas as unidades em fichas, coloque as fichas em uma urna, misture bem e depois retire fichas ao acaso, uma em seguida da outra, até completar a amostra.

O procedimento aleatório, ou seja, o sorteio das unidades que comporão a amostra, é feito em computador, por um gerador de números aleatórios (*random digits generator*). Alguns acreditam que fazer sorteio por computador seja mais "sério" ou mais "exato". Não é verdade. De qualquer forma, o uso de fichas ou bolas numeradas para uma amostra dos cadastros de clientes de uma empresa é coisa do passado. Mas o sorteio com fichas em urna, explicado no Exemplo 6.2, ajuda você a entender as regras do procedimento aleatório.

A amostra casual simples também é conhecida como *amostra probabilística* porque todas as unidades da população têm igual probabilidade de pertencer à amostra. É preciso, portanto, que a população seja *homogênea*, isto é, seja constituída por *unidades similares*. Se a população for *heterogênea*, deve ser obtida uma *amostra estratificada*.

EXEMPLO 6.2

Amostra casual simples

Imagine que 500 clientes estão cadastrados em sua empresa e que você precisa obter uma amostra casual de 2% dos cadastros. O que você faria?

Solução

Se você quer uma amostra de 2% de 500 cadastros, você precisa sortear dez. Comece dando um número para cada cadastro. Depois coloque, em uma urna, bolas numeradas de 0 a 9, inclusive, misture bem e retire uma. Anote o número dessa bola, que será o primeiro dígito do número do cadastro que será amostrado. Volte a bola retirada à urna, misture bem e retire outra. O número dessa segunda bola será o segundo dígito do número do cadastro que será amostrado. Repita o procedimento mais uma vez, para completar os três dígitos da numeração utilizada. Como a população é constituída por 500 cadastros, devem ser desprezados os números maiores do que 500, assim como os números que já foram sorteados e o número 000. O sorteio deve ser repetido até se conseguir a amostra de dez cadastros.

6.2.1.2. Amostra estratificada

▸ A amostra estratificada é constituída por unidades retiradas de cada estrato da população por *procedimento aleatório*.

Imagine que você quer obter uma amostra dos funcionários de uma empresa estatal. Essas pessoas são diferentes em relação ao sexo, à faixa de idade, à função. Constituem, portanto, uma população heterogênea. Você não deve selecionar uma amostra aleatória dessa população porque corre o risco de obter uma amostra pouco representativa como, por exemplo, uma amostra constituída apenas por diretores. O que deve ser feito?

Antes de coletar a amostra, reúna os nomes das pessoas de mesmo sexo, mesma faixa de idade, mesma função em grupos homogêneos denominados, tecnicamente, *estratos*. Depois, colete uma amostra aleatória dentro de cada estrato. Junte essas amostras para formar uma só, que será a *amostra estratificada*.

Existem, porém, dois tipos de amostra estratificada: a proporcional e a não proporcional. Na amostra estratificada proporcional, o tamanho de cada estrato na amostra é proporcional ao tamanho do estrato na população. Em outras palavras, a proporção de unidades de cada estrato na amostra é igual à proporção de cada estrato na população. Veja o Exemplo 6.3. Na amostra não proporcional, a proporção de unidades de cada estrato na amostra não é a mesma da população.

EXEMPLO 6.3

Amostra estratificada proporcional

Imagine que você tem 500 cadastros arquivados em sua empresa: 300 de homens e 200 de mulheres. Você quer obter dados dos dois sexos. O que você faria?

Solução

Comece separando os cadastros de homens dos cadastros de mulheres. Você tem, então, dois estratos, um de homens, outro de mulheres. Para obter uma amostra estratificada proporcional de dez cadastros, tire uma amostra casual de seis cadastros de homens e quatro cadastros de mulheres. Reúna os dados dos dois estratos numa só amostra estratificada.

EXEMPLO 6.4

Amostra estratificada não proporcional

Imagine que você tem 500 cadastros arquivados em sua empresa: 300 de homens e 200 de mulheres. Você quer obter dados dos dois sexos. O que você faria?

Solução

Comece separando os cadastros de homens dos cadastros de mulheres. Você tem, então, dois estratos, um de homens, outro de mulheres. Se você optar por uma amostra estratificada não proporcional de dez cadastros, tire uma amostra casual de cinco cadastros de homens e cinco de mulheres. Reúna os dados dos dois estratos numa só amostra estratificada.

6.2.2 Amostra de conglomerados

Imagine uma população já dividida em grupos, em que cada grupo representa a população. Esses grupos são chamados, tecnicamente, de *conglomerados*. Você terá uma amostra representativa da população se sortear um desses conglomerados para analisar.

EXEMPLO 6.5

Amostra de conglomerados

Imagine que você tem um Condomínio de Edifício, isto é, um condomínio com vários pequenos edifícios de três andares cada um, todos iguais. Se você considerar que todos os edifícios são representativos do condomínio, sorteie um para ser sua amostra.

6.2.3 Amostra sistemática

- A *amostra sistemática* é constituída de unidades retiradas da população segundo um sistema preestabelecido.

Para obter uma amostra sistemática é preciso que a população esteja organizada, ou seja, em determinada ordem. Você deve, então, estabelecer o sistema de seleção. Por exemplo, se você quiser uma amostra constituída por 1/6 da população, deve tomar, para a amostra, uma de cada seis unidades. Para isso, sorteie um número que caia entre 1 e 6. Imagine que foi sorteado o número 3. Então este será o número da primeira unidade selecionada para a amostra. A partir daí, sorteie o terceiro de cada seis, em sequência. No exemplo, a primeira unidade é 3. Seguem, a partir do número 3: 9, 15, 21, 27 etc.

É preciso muito cuidado ao estabelecer o sistema de seleção. Por exemplo, se são atendidos seis clientes por dia, não escolha, para a amostra, o sexto de cada seis clientes, pois estaria escolhendo sempre o último de uma fila.

EXEMPLO 6.6

Amostra sistemática

Imagine que você tem 500 cadastros arquivados em sua empresa e quer uma amostra de 2% desses cadastros. Como você obteria uma amostra sistemática?

Solução

Se você quer uma amostra de 2% dos 500 cadastros, quer uma amostra de tamanho 10. Para obter a amostra, divida 500 por 10, e obterá 50. Sorteie, então, um número entre 1 e 50, inclusive. Se sair o número 27, por exemplo, esse será o número do primeiro cadastro da amostra. Depois, a partir desse número (27), conte 50 cadastros e retire o último para a amostra. Conte mais 50 e retire o último para a amostra. Proceda dessa forma até completar a amostra de dez cadastros.

A amostra por quotas é constituída por unidades retiradas da população segundo quotas estabelecidas de acordo com a distribuição dessas unidades na população.

A ideia de quota é semelhante à de estrato, com uma diferença básica: na amostra estratificada, você seleciona as unidades que irão constituir a amostra por processo aleatório (ou seja, por sorteio); no caso da amostra por quotas, você não faz o sorteio, ao contrário: seleciona as unidades que comporão a amostra usando seu julgamento – de que a unidade pertence à determinada quota – e depois confirma se fez a escolha correta.

Para entender o procedimento, imagine que a população de uma cidade é composta, de acordo com o Censo, por 4/8 de jovens, 3/8 de adultos e 1/8 de idosos, descontadas as crianças. Você sai às ruas da cidade com a incumbência de entrevistar 800 pessoas selecionadas segundo a técnica de amostragem por quotas. Para compor sua amostra, deve entrevistar 4/8 de jovens, ou seja, 400, 3/8 de adultos, ou seja, 300 e 1/8 de idosos, ou seja, 100, à sua escolha. Você completa assim a sua amostra, composta por quotas de faixas de idade iguais às da população.

A amostragem por quotas *não* é aleatória. A grande vantagem é ser relativamente barata. Por essa razão, é muito usada em levantamentos de opinião e pesquisas de mercado. A ideia é, basicamente, a da amostragem estratificada, mas você seleciona a unidade por julgamento e depois confirma as características, isto é, verifica se a unidade pertence à quota que você está procurando preencher.

EXEMPLO 6.7

Amostra por quotas

Considere uma pesquisa sobre a preferência de modelo de carro. Como se faz uma amostra por quotas?

Solução

Você possivelmente irá entrevistar homens e mulheres com mais de 18 anos que vivem em uma metrópole (por exemplo, Curitiba), na proporção apresentada pelo censo demográfico em termos de sexo, idade e renda. Cada vez que você sair às ruas para trabalhar, terá a incumbência de entrevistar determinada *quota de pessoas* com determinadas características. Por exemplo, um dia você deverá entrevistar 30 homens com "mais de 50 anos que recebam mais de 6 e menos de 10 salários mínimos". Então você deverá julgar, pela aparência da pessoa, se ela se enquadra nas características descritas – homem de mais de 50 anos que ganha entre 6 e 10 salários mínimos. Se achar que tem a pessoa certa, deve fazer a abordagem e depois confirmar as características com perguntas. O número de pessoas em determinada quota depende do número delas na população.

6.3 Parâmetros e estatísticas

- *Parâmetros* são medidas obtidas com base na população.

Todo parâmetro é indicado por uma letra grega. Por exemplo, na população, a média é indicada por μ (lê-se mi).

- *Estimativas* são medidas obtidas com base em amostras.

Toda estimativa é indicada por letras do alfabeto latino. Por exemplo, na amostra, a média é indicada por $\overline{x}$ (lê-se x-traço ou x-barra).Tanto os parâmetros como as estimativas são números.

Na prática, os parâmetros são desconhecidos porque, em geral, não se pode observar toda a população. Mas, como diz o ditado, não é preciso comer todo o boi para saber se a carne está macia. Para "ter ideia" do valor do parâmetro, ou seja, para estimá-lo, basta que o pesquisador obtenha uma amostra.

Não existe garantia de que a estatística tenha valor igual, ou mesmo próximo, do valor do parâmetro que se pretende estimar. No entanto, se a amostra for suficientemente grande e obtida corretamente, na maioria das vezes isso ocorrerá.

6.4 Com quantas unidades se compõe uma amostra?

Do ponto de vista do estatístico, as amostras devem ser tão grandes quanto possível. Quanto maior for a amostra, maior será a confiança que se terá nos resultados. Para entender as razões desse ponto de vista, imagine que em uma cidade existam dois hospitais.[1] Em um deles nascem, em média, 120 bebês por dia e, no outro, nascem 12. A razão de meninos para meninas é, em média, 50% nos dois hospitais.

Uma vez nasceu, em um dos hospitais, duas vezes mais meninos do que meninas. Em qual dos hospitais é mais provável que isso tenha ocorrido?

Para o estatístico, a resposta é óbvia: é mais provável que o fato tenha ocorrido no hospital em que nasce menor número de crianças. A probabilidade de uma estimativa desviar-se muito do parâmetro (do valor verdadeiro) é maior quando a amostra é pequena.

No entanto, a qualidade da estatística não depende do tamanho da população, desde que a população seja muito maior[2] do que a amostra.

EXEMPLO 6.8

Tamanho da amostra e tamanho da população

Imagine que a prefeitura de uma metrópole queira tomar uma medida administrativa que afeta os lojistas e pede a você para fazer uma pesquisa para estimar a proporção de lojistas favoráveis a essa medida. É preciso saber o número de lojistas da cidade?

Solução

A precisão dos resultados de uma amostra não depende de, na metrópole, existirem 10 mil ou 100 mil lojistas. A precisão depende de quantos lojistas são entrevistados (tamanho da amostra)[3] e, em menor extensão, da proporção de lojistas favoráveis à medida (valor do parâmetro).[4]

Como se determina o tamanho da amostra? Na prática, o tamanho da amostra é determinado mais por considerações reais ou imaginárias a respeito do custo de cada unidade amostrada do que por técnicas estatísticas. Mas o pesquisador deve levar em

---

1 Baseado em um exemplo de KAHNEMEN, D.; TVESKY, A. Judgement under uncertainty: heuristics and bias, *Science*, n. 185, 27 set. 1974.

2 A pressuposição é a de que a população é "infinita", ou seja, muito grande em relação à amostra que se pode coletar. Se a população por pequena, as estimativas de parâmetros dependem de correções, que não serão tratadas neste livro.

3 Se a amostra for pequena – 10 lojistas –, ela não terá boa precisão.

4 Se o valor do parâmetro for pequeno – como 1 por mil –, a amostra precisa ser grande para ser confiável.

conta o que é usual na área. Então, você tem aqui duas regras de ouro para determinar o tamanho da amostra: veja o que se faz na sua área consultando trabalhos similares (ou seja, consultando a literatura) e verifique o que seu orçamento permite fazer. Se seu orçamento for curto, não tente enquadrar nele uma pesquisa ambiciosa.

De qualquer forma, o tamanho da amostra deve ser determinado por critério estatístico.[5] As fórmulas de cálculo são conhecidas. Mas esses cálculos exigem conhecimentos maiores do que os abordados neste livro. Por essa razão, não serão demonstradas aqui. É preciso, porém, deixar claro, que não basta ter em mãos uma fórmula, ou um programa para computador. Para estimar o tamanho de uma amostra, é preciso ter algum conhecimento prévio (estimativas preliminares de um ou mais parâmetros, obtidas de amostras piloto ou da literatura) e uma boa dose de bom-senso.

EXEMPLO 6.9

Tamanho da amostra e tamanho do parâmetro

Suponha que um clube de futebol quer estimar a proporção de mulheres que normalmente assistem a seus jogos no estádio. Mesmo que a estimativa preliminar dessa proporção esteja em torno de 30%, é intuitivo que o número de pessoas para compor essa amostra será muito menor do que o número necessário para compor uma amostra que permita estimar o número de cadeirantes que frequentam o estádio. Por quê? Se você tomar uma amostra aleatória de 1.000 pessoas que estão assistindo um jogo no estádio, encontrará um número suficiente de mulheres para calcular uma proporção, mas talvez não encontre nenhum cadeirante.

6.5 A questão da representatividade

A amostra só traz informação sobre a população de onde foi retirada. Não tem sentido, por exemplo, estudar os hábitos de higiene de índios bolivianos e considerar que as informações servem para descrever os hábitos de higiene de moradores da periferia da cidade de São Paulo.

Ainda, a amostra deve ter o tamanho usual da área em que a pesquisa se enquadra. A amostra demasiadamente pequena serve como estudo de caso, mas não permite fazer inferência estatística. Por outro lado, desconfie de amostras muito grandes. Será que o pesquisador observou cada unidade amostrada com o devido cuidado?

Conclusões e decisões tomadas com base em amostra só têm sentido na medida em que a amostra representa a população. Portanto, para interpretar bem os dados e tirar conclusões adequadas, não basta olhar os números: é preciso entender como a amostra foi tomada e verificar se não incidiram, no processo de amostragem, alguns fatores que poderiam trazer tendência aos dados.

5 Veja, por exemplo: COCHRAN, W. *Sampling techniques*. 2. ed. New York: Wiley, 1977. BOLFARINE, H.; BUSSAB, W. O. *Elementos de amostragem*. São Paulo: Edgard Blucher, 2005.

- *Tendência* é a diferença entre a estimativa que se obteve na amostra e o parâmetro que se quer estimar.

EXEMPLO 6.10

Amostra tendenciosa

Para estimar o tamanho dos morangos de uma caixa, uma dona de casa avaliou o tamanho de seis morangos que estavam na parte superior da caixa. Você acha que ela tomou uma boa amostra?

Solução

Essa amostra é, provavelmente, tendenciosa, porque os vendedores de morangos arrumam as caixas de maneira a colocar as frutas maiores na parte superior, que é visível para o consumidor.

Como você sabe se uma amostra é tendenciosa? Não há fórmulas de matemática ou estatística para dizer se a amostra é tendenciosa ou é representativa da população. Você terá de usar seu bom-senso. São, portanto, necessários muitos cuidados, porque os erros de amostragem podem ser sérios. De qualquer forma, uma amostra tendenciosa não fornece estimativa minimamente razoável do parâmetro que se deseja estimar.

EXEMPLO 6.11

Outra amostra tendenciosa

Em 1988, Shere Hite[6] levantou, por meio de questionários inseridos em revistas femininas americanas, dados sobre sexualidade. Estima-se que cerca de 100 mil mulheres foram colocadas em contato com o questionário, mas só 4.500 responderam. Mesmo assim, a amostra é grande. Você acha que essa amostra pode dar uma boa ideia do comportamento sexual das mulheres americanas naquela época?

Solução

Existe evidência de que o comportamento dos voluntários é diferente do comportamento dos não voluntários. Então – embora seja difícil ou até impossível estudar o comportamento de pessoas que não respondem a um questionário – *não* se pode concluir que a amostra de respondentes represente toda a população (incluindo aqueles que não respondem). Logo, conclusões com base em amostras de pessoas que, voluntariamente, destacam o encarte de uma revista, respondem ao questionário e o remetem pelo correio são tendenciosas. Não se pode fugir à conclusão de que o questionário foi respondido apenas por mulheres dispostas a falar sobre sua vida pessoal.

6.6 Os processos produtivos

Os exemplos apresentados até aqui foram predominantemente de amostras de pessoas ou de unidades existentes. No entanto, os métodos estatísticos são igualmente úteis para analisar dados de processos produtivos.

6 O exemplo é de SILVER, M. Estatística para administração. São Paulo: Atlas, 2000.

▸ Processo é a série de ações ou de operações que transformam *inputs* (matéria-prima) em *outputs* (produtos).

Os processos produtivos utilizam uma série de operações feitas por pessoas e por máquinas para converter a matéria-prima em produto acabado. A produção de papel, a produção de automóveis, a produção de cerâmica, a produção de cerveja são exemplos desses processos.

De qualquer forma, convém saber que Processo Produtivo Básico (PPB) foi definido no Brasil por meio de lei[7].

▸ *Processo Produtivo Básico* (PPB) é o conjunto mínimo de operações, no estabelecimento fabril, que caracteriza a efetiva industrialização de determinado produto.

Os processos produtivos geram dados para análise. No entanto, a definição de população precisa ser adaptada. Lembre-se de que população foi definida como o conjunto de unidades sobre o qual desejamos obter informação. Isso presume um conjunto de unidades já existentes. Mas os processos produtivos estão continuamente gerando produtos.

EXEMPLO 6.12

Envasamento de água mineral

Os produtos gerados em um processo podem ser vistos como uma população. Imagine uma empresa que envase água mineral e produza 1.000 garrafas com 300 ml de água por dia. É preciso monitoramento do produto acabado. Pode-se pensar na produção diária como uma população. Então, um inspetor retira uma amostra da população (produção do dia) e faz uma inspeção visual para determinar o padrão de qualidade do produto (por exemplo, verifica o estado do vasilhame, o lacre e o rótulo).

Além dos processos produtivos, serviços e negócios também geram, ao longo do tempo, grandes conjuntos de dados numéricos, que são usados para avaliar o desempenho da organização. São exemplos de dados gerados para avaliação do desempenho da organização: o volume de vendas de um produto (por exemplo, automóveis), o preço das ações da empresa, a quantidade de serviços contratados. Alguns processos são, porém, verdadeiras "caixas-pretas".

7 O Processo Produtivo Básico (PPB) foi definido em 1991, por meio da Lei n. 8.387, de 30 de dez. de 1991.

EXEMPLO 6.13

Processo de produção

Na tentativa de aumentar sua clientela na pizzaria, o proprietário resolve oferecer um desconto de 10% para quem esperar pelo pedido mais do que determinado tempo. Para determinar o tempo limite de espera, alguém sugere estimar o tempo médio de espera por uma pizza, durante 15 dias de funcionamento. Todas as ordens são então cronometradas, desde que é feito o pedido até o cliente ser servido. No final de 15 dias, foram servidas 632 pizzas. Qual é o processo de interesse, nesse caso? Qual é a variável em estudo? Descreva a amostra.

Solução

O processo de interesse é o serviço da pizzaria. É um processo de produção, porque "produz" pizzas ao longo do tempo. A variável de interesse (que está sendo monitorada) é o tempo de espera. O plano de amostragem foi anotar o tempo de espera por todas as ordens, durante 15 dias. O tamanho da mostra é 632.

6.7 As pesquisas de opinião

As *pesquisas de opinião* são levantamentos das opiniões de amostras de pessoas, com a finalidade de conhecer as opiniões da população em geral (opinião pública) sobre determinado assunto, em particular, por exemplo, o que a população pensa sobre o governo. Durante muitos anos, pesquisas de opinião só eram feitas por entrevistadores, em contato direto com as pessoas. Hoje também são feitas pesquisas de opinião via internet e por telefone. Embora métodos e técnicas variem, as pesquisas de opinião continuam buscando saber o que as pessoas pensam sobre determinado assunto, objeto da pesquisa.

- *Pesquisa de opinião* é o levantamento das opiniões de uma amostra de pessoas, com a finalidade de conhecer as opiniões da população em geral (opinião pública) sobre determinado assunto, em particular.

Algumas pessoas não falam com estranhos, ou não respondem perguntas por telefone. Formam o grupo dos não respondentes. Portanto, a população efetivamente amostrada é um pouco diferente da população alvo da pesquisa. As opiniões daqueles que não aceitam ser entrevistados podem ser diferentes daqueles que aceitam participar. E não adianta aumentar a amostra para compensar o número de não respondentes, porque isso só faria aumentar o número de não respondentes. Se as pessoas que se recusam a responder ou nunca são alcançadas tiverem opiniões diferentes das pessoas que respondem, os resultados são tendenciosos.

Os resultados das pesquisas de opinião ficam prejudicados se as respostas obtidas dos respondentes não refletirem suas verdadeiras opiniões. Isso acontece quando os entrevistados dão respostas rápidas, sem pensar no que estão dizendo, só para terminar logo a entrevista ou quando os entrevistados se sentem pressionados a dar respostas que imaginam "corretas", por exemplo, responder "Sim" para a pergunta "Você acha que deve pagar imposto de renda?", mesmo que não seja essa a opinião que ele tenha. A pessoa pode *não lembrar* e dar resposta errada quando perguntada sobre questões do tipo: "Quantos cigarros o senhor fumou na semana passada?". Ainda, pode *não entender* a pergunta e dar qualquer resposta, apenas para não mostrar ignorância. Na interpretação dos dados, é preciso levar em consideração tanto falta de resposta como erro de resposta.[8]

EXERCÍCIOS

1. É fornecida uma população constituída pelas 12 primeiras letras do alfabeto. Explique o que você faria para obter uma amostra casual simples de seis elementos.

2. É fornecida uma população constituída pelas 12 primeiras letras do alfabeto. Explique o que você faria para obter uma amostra sistemática de seis elementos.

3. Pretende-se obter uma amostra dos alunos de uma universidade para estimar o percentual que tem trabalho remunerado.

a) Qual é a população em estudo?

b) Qual é o parâmetro que se quer estimar?

c) Você acha que se obteria uma boa amostra dos alunos no restaurante universitário?

d) No ponto de ônibus mais próximo?

4. Para estimar o número médio de pessoas em um domicílio, um pesquisador obteve uma amostra sistemática de 1.000 domicílios. No entanto, mesmo fazendo várias visitas, o entrevistador não encontrou pessoas em 147 deles. Resolveu, então, continuar a pesquisa visitando mais domicílios, até completar o tamanho de amostra inicialmente proposto. Analisou, então, os dados. Haviam sido contadas 3.087 pessoas. O pesquisador concluiu que o número médio de pessoas por domicílio é 3,1. O que você acha?

5. Um editor de livros técnicos quer saber se os leitores preferem capas de cores claras com desenhos, ou capas simples de cores mais escuras. Se o editor pedir a você para estudar a questão, como você definiria a população do estudo?

6. A dona de uma confeitaria do shopping quer saber se seus clientes gostaram de sua nova receita de bolo de chocolate. Qual é a população de interesse? Que tipo de dado deve ser levantado? Qual é o parâmetro de interesse?

7. Um fabricante de bolas de gude quer saber o desempenho das bolas que vende, levantando diversas variáveis. Qual a razão de estudar essas variáveis levantando uma amostra?

8. Um fiscal precisa verificar se as farmácias da cidade estão cumprindo um novo regulamento. A cidade tem 40 farmácias, mas como a fiscalização demanda muito tempo, o fiscal resolveu optar por visitar uma amostra de dez farmácias. O cumprimento do regulamento que é, evidentemente, desconhecido do fiscal está apresentado na Tabela 6.1.

a) Sem ver a tabela, sorteie uma amostra para o fiscal.

---

8 Veja: VIEIRA, S. *Como fazer um questionário*. São Paulo: Atlas, 2009.

b) Estime, com base na amostra sorteada, e olhando a tabela, a proporção de farmácias que estão cumprindo o regulamento.

c) Com base na população (40 farmácias), estime o parâmetro.

d) Você obteve uma boa estimativa?

Tabela 6.1 Dados sobre cumprimento do regulamento

Cumprimento do regulamento			
1. Sim	11. Não	**21. Sim**	**31. Sim**
2. Sim	**12. Sim**	**22. Sim**	**32. Sim**
3. Não	13. Não	23. Não	33. Não
4.Sim	14. Não	**24. Sim**	**34. Sim**
5. Sim	**15. Sim**	25. Não	**35. Sim**
6. Não	16. Não	26. Não	36. Não
7. Sim	**17. Sim**	27. Não	37. Não
8. Não	18. Não	**28. Sim**	38. Não
9. Não	19. Não	29. Não	**39. Sim**
10. Sim	**20. Sim**	30. Não	**40. Sim**

9. Um contador quer se estabelecer no mercado de trabalho, mas antes quer ter ideia de quanto pode ganhar. Levanta então uma amostra de contadores.

a) Que estatísticas ele pode calcular?

b) Qual é o parâmetro de interesse?

10. Em uma pesquisa para saber o *resultado das eleições* para o governo do Estado de São Paulo, qual é a população de interesse? Você acha que deve ser obtida amostra estratificada?

11. Complete as frases:

a) ____________________ (parâmetro ou estatística) é uma característica da população.

b) Se todos os elementos da população foram observados, foi feito ________________ (censo, amostra, população).

c) Amostra é todo subconjunto de unidades retiradas de uma população para obter ____________________ (as pessoas, as informações) desejadas.

12. Falso ou verdadeiro?

a) Amostra é o conjunto de todos dados possíveis sobre determinado assunto.

b) Estatística é uma característica da população.

13. Para saber se os alunos de uma instituição universitária apreciaram o campo de futebol recém-construído, o reitor distribuiu um questionário para as pessoas que estavam nas arquibancadas, assistindo ao primeiro jogo no campo. Essa amostra é tendenciosa. Por quê?

14. Como você planejaria uma amostra aleatória para oferecer ao reitor do exercício 13? E como você planejaria uma amostra estratificada?

15. Por que uma amostra que entreviste pessoas em casa entre 10h e 16h é tendenciosa?

16. Para comparar o grau de satisfação dos assinantes de três operadoras de televisão por assinatura (A, B e C), optou-se por amostragem estratificada proporcional, uma vez que a quantidade dos assinantes varia. A Tabela 6.2 apresenta a distribuição em milhares dos assinantes, por operadora. Foram entrevistados 400. Quantos assinantes há na amostra da operadora A?

Tabela 6.2 Distribuição dos assinantes por operadora

Operadora	N° de assinantes (em milhares)
A	15
B	25
C	30

a) 86
b) 110
c) 138
d) 142
e) 172

17. Para avaliar as condições de saúde das cobaias criadas nos laboratórios de uma grande universidade, será coletada uma amostra estratificada proporcional de 20 cobaias. A Tabela 6.3 apresenta a distribuição das cobaias pelos biotérios de cinco faculdades. Quantas cobaias de cada biotério (faculdade) comporão a amostra?

Tabela 6.3 Distribuição das cobaias pelos biotérios de cinco faculdades

Faculdade	N° de cobaias
A	20
B	60
C	20
D	40
E	60

18. A amostragem estratificada proporcional, a amostragem por quotas e a amostragem por conglomerados são, respectivamente, amostragem[9]:

a) Não casual, Casual e Casual.
b) Não casual, Não casual e Casual.
c) Casual, Não casual e Não casual.
d) Casual, Não casual e Casual.
e) Casual, Casual e Casual

9 FEPESE - 2010 - SEFAZ-SC - Analista Financeiro - Parte II. Disponível em: <https://www.qconcursos.com/questoes-de-concursos/provas/fepese-2010-sefaz-sc-analista-financeiro-parte-i>. Acesso em: 20 jul. 2017.

19. O objetivo de uma pesquisa era obter, relativamente aos moradores de um bairro, informações sobre duas variáveis: nível educacional e renda familiar[10]. Para cumprir tal objetivo, todos os moradores foram entrevistados e arguidos quanto ao nível educacional e, dentre todos os domicílios do bairro, foram selecionados aleatoriamente 300 moradores para informar a renda familiar. As abordagens utilizadas para nível educacional e renda familiar foram respectivamente:

a) Censo e amostragem de conglomerados.
b) Amostragem aleatória e amostragem sistemática.
c) Censo e amostragem casual simples.
d) Amostragem estratificada e amostragem sistemática.
e) Amostragem sistemática e amostragem em dois estágios.

20. Considere que determinado tribunal pretenda avaliar a proporção de habitantes de um município que foram vítimas de algum tipo de violência e que não exista um banco de dados com a identificação dos habitantes desse município[11]. Nesse caso, a aplicação da amostragem aleatória simples *não* será adequada para selecionar os habitantes do município.

a) Errado.
b) Certo.

10 Provas: FCC - 2009 - TRT - 3ª Região (MG) - Analista Judiciário – Estatística. Disponível em: <https://www.qconcursos.com/questoes-de-concursos/provas/fcc-2009-trt-3-regiao-mg-analista-judiciario-estatistica>. Acesso em: 20 jul. 2017

11 CESPE - 2014 - TJ-SE - Analista Judiciário - Estatística - Questões de estatística. Disponível em: <https://www.aprovaconcursos.com.br/cespe-2014-tj-se-analista-judiciario-estatistica>. Acesso em: 20 jul. 2017.

7

capítulo

Introdução às ciências experimentais

Muito do conhecimento que a humanidade acumulou ao longo dos séculos foi adquirido através da experimentação. Mas a ideia de experimentar não é apenas antiga, também pertence ao nosso dia a dia. Todos nós já aprendemos algumas coisas, ao longo da vida, experimentando. A experimentação, no entanto, só se difundiu como técnica sistemática de pesquisa há pouco mais de um século, quando foi formalizada através da Estatística.

Boa parte dessa formalização se deve ao grupo de estatísticos que, no início do século XX, trabalhou na Estação Experimental de Agricultura de Rothamstead, na Inglaterra[1]. As técnicas experimentais desenvolvidas por esse grupo são, porém, universais e se aplicam a todas as áreas de conhecimento – agronomia, medicina, odontologia, engenharia, educação, psicologia – e os

1 Os nomes mais conhecidos desse grupo são o de Sir Ronald A. Fisher e de Student, pseudônimo de William Gosset.

métodos estatísticos de análise são os mesmos. De qualquer forma, é a origem agrícola das ciências experimentais que explica o uso de alguns termos técnicos.

7.1 Termos técnicos

7.1.1 Unidade experimental

▸ *Unidade experimental* é a unidade física ou biológica usada para conduzir o experimento.

Dependendo do experimento, a unidade experimental pode ser uma pessoa, um animal, uma peça fabricada, uma ferramenta. Em seus primórdios, as ciências experimentais utilizavam o termo *parcela* (*plot*) para designar a unidade usada na experimentação. Esse termo é, até hoje, usado pelos estatísticos em algumas situações, e é de uso corrente na experimentação agrícola para designar a unidade de área – uma faixa de terra, um canteiro ou um vaso – usada nos experimentos.

7.1.2 Variável em análise

▸ *Variável* é a condição ou característica medida ou observada no experimento.

A variável em análise pode ser uma medida linear, uma medida de peso, uma medida de área etc. Como exemplo, imagine um experimento conduzido para comparar diferentes tipos de escovas de dente na diminuição de placas bacterianas. O que está em observação, nesse caso, é a diminuição das placas. Logo, é essa a variável em análise. Nos experimentos que têm a finalidade de estudar o aumento da temperatura sobre a velocidade de determinada reação química, a variável em análise é a velocidade da reação química. Os valores assumidos pela variável devem sempre ser registrados.

7.1.3 Tratamento

▸ *Tratamento* é um termo genérico que designa o que os pesquisadores administram às unidades experimentais para teste.

A palavra *tratamento* foi introduzida nas ciências experimentais pela área agrícola. Servia para indicar o que estava em teste: um fertilizante, um inseticida, uma nova variedade. Hoje são colocados em teste métodos de ensino, técnicas de laboratório, produtos alimentícios, drogas terapêuticas, materiais de construção, marcas comerciais de toalhas de papel. Tudo depende da área de trabalho dos pesquisadores.

Mesmo assim, o que está em teste no experimento recebe, em Estatística, a designação de *tratamento*. Por exemplo, um publicitário pode fazer um experimento para comparar a eficiência de diversas técnicas de aproximação de clientes. O estatístico chamaria essas técnicas de tratamentos.

Nas áreas médicas, no entanto, há quem prefira o termo intervenção. Alega-se que "tratar o paciente" significa dar ao paciente cuidados médicos tradicionais. Então, se um projeto de pesquisa propõe uma forma de cuidar ainda em teste, o termo apropriado seria intervenção.

Os tratamentos podem ser classificados em *qualitativos* e *quantitativos*.

- *Tratamentos qualitativos* são aqueles que têm naturezas intrinsecamente diferentes.

São exemplos de tratamentos *qualitativos* drogas terapêuticas com diferentes fórmulas químicas ou fertilizantes de diferentes marcas comerciais.

- *Tratamentos quantitativos* são aqueles que se distinguem pela quantidade (dose) do que está sendo colocado em teste.

Constitui exemplo de tratamentos *qualitativos* o teste de diferentes doses, como 5 mg, 7,5 mg, 10 mg, de uma droga terapêutica com a mesma fórmula química. Em medicina, esses ensaios são conhecidos como ensaios de dose-resposta.

7.1.4 Grupo controle e grupo tratado

Muitos experimentos são conduzidos para estudar o *efeito* de um ou mais tratamentos. Por exemplo, um médico pode fazer um experimento para saber se determinado produto faz nascer cabelos em pessoas calvas. Nesse caso, o pesquisador deve comparar um grupo de unidades (pessoas calvas) que recebe o tratamento em teste - *grupo tratado*[2] - com um grupo de unidades que não recebe o tratamento - *grupo controle*[3].

- *Grupo tratado* é o grupo que recebe o tratamento experimental.
- *Grupo controle* é o grupo que não recebe o tratamento experimental.

Na área agrícola também se fazem experimentos para estudar o *efeito* de um ou mais tratamentos. Por exemplo, um agrônomo pode fazer um experimento para saber se determinado adubo aumenta a produção de rosas. Nesse caso, o pesquisador deve comparar unidades (roseiras) que recebem o adubo com unidades que não recebem o adubo - as *testemunhas*.

- Controle negativo é o grupo que *não* recebe tratamento ou recebe apenas placebo (uma substância inerte).

---

2 Também se diz grupo experimental.

3 O termo *grupo controle* (do inglês *control group*) é usado na área médica, mas na área agrícola é mais usado o termo *testemunha* (do francês *témoin*).

▸ *Controle positivo* é um grupo que recebe tratamento padrão ou convencional.

O uso de grupo controle já está consagrado em experimentação. Na área médica, no entanto, é preciso discutir a ética de constituir o controle negativo. As pessoas submetidas aos experimentos não podem correr o risco de sofrer danos graves. Então, a constituição de um grupo controle negativo, nos experimentos da área médica depende, basicamente, do que está em estudo.

Por exemplo, nos testes de novas drogas para tratamento de doenças graves, como câncer, que têm tratamento convencional, o uso de placebo pode não apenas ser falta de ética, mas também caracterizar a omissão de tratamento. No entanto, para estudar o efeito da vitamina C na prevenção de resfriados é lógico (do ponto de vista do estatístico) e é perfeitamente ético (do ponto de vista do médico), comparar dois grupos de pessoas: o tratado, que recebe vitamina C, e o controle, que recebe um placebo simulando a vitamina C. As questões de ética relativas à experimentação com seres humanos exigem, contudo, maior discussão, o que não será feito neste livro[4].

7.2 Exigências básicas

7.2.1 Repetição

▸ *Repetições* são unidades experimentais que recebem o mesmo tratamento.

A ideia, em experimentação, é comparar grupos, não apenas unidades. Para entender a necessidade de repetições, convém discutir um exemplo.

Imagine que, para verificar se determinado hormônio tem efeito sobre o peso de ratos, um pesquisador forneceu o hormônio para um rato (tratado) e deixou outro sem o hormônio (controle). Se, no final do experimento, o rato tratado pesar, por exemplo, 150 gramas e o controle pesar 120 gramas, o pesquisador pode concluir que o hormônio tem efeito sobre o peso dos ratos porque o rato que recebeu o hormônio pesou mais do que o rato que não recebeu. Essa conclusão é, no entanto, pouco confiável. Afinal, esses dois ratos podem apresentar diferença de peso por diversas outras razões além do fato de um ter recebido hormônio e o outro não.

Imagine agora que um grupo de ratos recebeu o hormônio (grupo tratado) e outro grupo ficou sem o hormônio (grupo controle). Se, no final do experimento, o pesquisador verificar que ratos que receberam o hormônio alcançaram peso em torno de 150 gramas e ratos que não receberam o hormônio tiveram pesos em torno de 120 gramas, também irá concluir que o hormônio tem efeito – mas essa conclusão será muito mais confiável.

---

4 Sobre questões de ética relacionadas à pesquisa com seres humanos, ver VIEIRA, S.; HOSSNE, W. S. *Metodologia científica para a área da saúde.* 2. ed. Rio de Janeiro: Elsevier, 2015.

Quantas repetições um experimento deve ter? Do ponto de vista do estatístico, é sempre desejável que os experimentos tenham grande número de repetições. Na prática, o número de repetições é limitado pelos recursos disponíveis. Mas o pesquisador sempre deve levar em conta (quando estabelece o tamanho de seu experimento) o que é usual na área.

É possível calcular o número de repetições (ou o tamanho da amostra) que devem ser usadas em determinado experimento. Para fazer esses cálculos, usam-se fórmulas que exigem, entre outras coisas, que o pesquisador conheça a variabilidade (medida pela variância) do material experimental. Quanto mais homogêneo for o material - em termos das características que têm efeito sobre as observações ou medições que serão feitas - menor é o número de repetições necessário para mostrar, com clareza, o efeito de um tratamento. Neste livro, não se ensina calcular o tamanho de amostras[5].

7.2.2 Casualização ou randomização

Casualização ou *randomização* é o processo de designar os tratamentos às unidades experimentais por processo casual ou aleatório.

Para formar grupos semelhantes, é fundamental que os tratamentos sejam designados às unidades experimentais por sorteio - *nunca* por regras sistemáticas. Para entender que é preciso designar os tratamentos às unidades experimentais, veja um exemplo. Um pesquisador quer estudar o efeito de um adubo sobre o crescimento de uma planta. Pode ser feito um experimento em estufa, em que cada unidade experimental é um vaso. Se o pesquisador distribuir as unidades na estufa como mostra a Figura 7.1 - à esquerda as unidades adubadas e à direita as unidades não adubadas - o delineamento está errado. Isto porque o pesquisador não pode ter certeza de que a diferença entre grupos é explicada apenas pelo tratamento. O maior crescimento do grupo tratado talvez possa ser explicado pela melhor posição das plantas em relação à luz e à ventilação.

Figura 7.1 Desenho de um experimento sem casualização

5 Veja DEAN, A.; VOSS, D. *Design and analysis of experiments*. New York, Springer, 1999.

Mas como o pesquisador deve distribuir os vasos dentro da estufa? Deve fazer uma distribuição ao acaso, como mostra a Figura 7.2. Devido a casualização, as unidades de um grupo não se concentram de um só lado, como acontece na Figura 7.1. Isto evita, por exemplo, que as plantas adubadas fiquem concentradas no lado mais ventilado e mais iluminado da estufa, o que poderia favorecer o grupo experimental.

Figura 7.2 Desenho de um experimento com casualização

A casualização foi formalmente proposta na década de 1920. Vinte anos mais tarde essa técnica já estava definitivamente incorporada à experimentação agrícola. Na área industrial, a casualização passou a ser rotina após a Segunda Guerra Mundial. Na pesquisa médica, no entanto, a ideia de distribuir o tratamento ao acaso só começou a ser aceita bem mais tarde. A relativa demora da medicina para incorporar essa técnica simples de trabalho só se explica pela natureza do material experimental.

Na agricultura não surgem questões de ética quando se sorteia um tratamento. Por exemplo, para verificar se um adubo tem efeito sobre a produção de uma planta, o pesquisador pode sortear as unidades que vão receber o adubo – grupo tratado – e as que não vão receber o adubo – grupo controle – sem enfrentar dilema de natureza ética. Já em medicina a ideia de “sortear” um paciente para receber o tratamento levantou, durante algum tempo, dúvidas e questões de ética. Os argumentos contra o uso de casualização em experimentos médicos eram que não é ético “sortear” o tratamento para alguns pacientes e deixar outros sem o tratamento. Essa objeção, porém, não se refere à randomização, mas ao uso de grupo controle.

O princípio da casualização é uma das maiores contribuições dos estatísticos à ciência experimental. Só a casualização garante que unidades com características diferentes tenham igual probabilidade de serem designadas para os dois grupos. Hoje, até em jogos de futebol se reconhece que a escolha do campo por sorteio elimina o favoritismo. Então é razoável acreditar que dois grupos formados por sorteio têm grande probabilidade de serem similares. E se os grupos são similares no início do experimento, é razoável creditar ao tratamento uma diferença expressiva observada entre os grupos, isto é, uma diferença que não possa ser facilmente atribuída ao acaso.

Não existem alternativas válidas para a casualização. O pesquisador que "escolhe" as unidades por critério próprio – por melhores que sejam as intenções – torna seus resultados tendenciosos. Se o pesquisador tiver objeções à técnica de casualização, deve consultar um estatístico, pois muitas vezes é possível fazer o sorteio mantendo as restrições necessárias. Mas como se faz a casualização?

Nos experimentos conduzidos com a finalidade de comparar dois grupos – o tratado e o controle – a casualização era feita da seguinte forma: tomava-se uma unidade e jogava-se uma moeda: se ocorresse "cara", a unidade era designada para o grupo tratado, e se ocorresse "coroa" a unidade é designada para o grupo controle (ou ao contrário). Hoje a casualização é feita por meio de números ao acaso (*random digits*) gerados em computador. A lógica é a mesma do jogo de moedas.

7.2.3 Experimentação cega

Se as unidades experimentais são objetos, plantas, animais ou material proveniente de plantas ou animais – como folhas de árvores ou peças anatômicas –, é importante que o pesquisador pese, meça ou observe cada unidade sem saber a que grupo pertence essa unidade. Isto evita qualquer tipo de *tendência*[6] por parte do pesquisador.

Para que isso possa ser feito, nessa fase do experimento o pesquisador não pode trabalhar sozinho – precisa trabalhar com outro técnico. Este técnico deve tomar cada unidade experimental e entregar ao pesquisador, que fará as medições sem saber a que grupo pertence a unidade que está medindo. Esse tipo de experimento é conhecido como *experimento cego*. Mas a experimentação cega vai além.

Nos experimentos realizados com pessoas, recomenda-se não informar à pessoa que participa do experimento o grupo para o qual foi designada; ainda, o pesquisador deve fazer observações ou medições sem saber a que grupo pertence quem examina. Esse tipo de experimento é denominado *duplamente cego* – ou, na terminologia mais usada – *duplo-cego (double blind)*. No entanto, experimentos que envolvem certos tipos de tratamento – como prótese e cirurgia – não podem, por razões óbvias, ser do tipo cego ou duplamente cego.

Atualmente também já se fala em experimentos *triplamente cegos* – ou *triplo-cegos*. Nesses casos, os grupos não são identificados nem para o participante da pesquisa, nem para quem o examina, nem para quem analisa os dados – geralmente um estatístico. Os experimentos triplo-cegos são mais usados na indústria farmacêutica (teste de drogas terapêuticas).

Finalmente, embora os experimentos duplamente cegos e triplamente cegos sejam altamente recomendáveis, é necessário – por razões de ética – explicar às pessoas que elas estão sendo submetidas a um experimento. Esse procedimento, aliás, é exigido no Brasil pelo Ministério da Saúde[7].

---

6 Diz-se, também, viés ou vício (em inglês, *bias*).

7 Resolução nº 196/96 do Conselho Nacional de Saúde, órgão subordinado ao Ministério da Saúde e resoluções complementares. Disponível em: <htpp://conselho.saude.gov.br>.

7.3 Planejamento de experimentos

Para delinear um experimento, é importante ter os objetivos bem definidos. É preciso fazer um orçamento e estudar as condições de trabalho. Também se deve ter certeza de que será possível dispor das unidades experimentais necessárias e saber medir a variável em análise. Às vezes, é razoável fazer um experimento piloto. A maneira de fazer a análise estatística deve ser estudada antes de começar o experimento.

Do que foi visto até aqui, é fácil entender que é essencial definir a *unidade experimental* e o *que será medido* ou *observado* nessa unidade. É necessário definir os *tratamentos* que serão colocados em comparação com clareza e exatidão. É preciso estabelecer a *maneira de fazer a casualização* e é preciso determinar o número de unidades que serão utilizadas no experimento. Em resumo, deve-se definir:

a) A unidade experimental.
b) A variável em análise e a forma como será medida.
c) Os tratamentos em comparação.
d) A forma como os tratamentos serão designados às unidades experimentais.
e) O número de unidades experimentais.

EXEMPLO 7.1

Hipóteses

Para comparar o efeito de duas rações na engorda de suínos, o experimento poderia ser planejado como segue:

a) Unidade experimental: um animal.
b) Variável em análise: ganho de peso, medido pela diferença entre o peso final e o peso inicial de cada animal.
c) Tratamentos em comparação: ração A e ração B.
d) Forma de designar os tratamentos às unidades: por sorteio.
e) Número de unidades experimentais: 15 animais por grupo.

EXERCÍCIOS

1. Planeje um experimento para comparar o uso de sobredose de vitamina B6 e B12 na redução da aterosclerose, em pacientes com a doença.
2. Planeje um experimento para estudar o efeito de uma droga que se supõe tenha efeito analgésico em pacientes com cefaleia.
3. Planeje um experimento para comparar a produção de quatro variedades de milho.
   Nota: considere como parcela uma linha de 10 m de comprimento.

4. Planeje um experimento para estudar o efeito de um aditivo sobre a dureza do concreto.
   Nota: considere que as parcelas serão corpos de prova.
5. Planeje um experimento para comparar a resistência à ruptura de quatro marcas comerciais de toalhas de papel.
6. Planeje um experimento para verificar se o ponto de ebulição da água é afetado por diferentes concentrações de sal.
7. Planeje um experimento para verificar se velas de cores diferentes queimam em diferentes velocidades.
8. Planeje um experimento para comparar dois soníferos, usando pacientes que têm queixas de insônia.
9. Planeje um experimento para comparar quatro drogas indicadas para diabéticos, supondo que você dispõe de um conjunto de pacientes similares.
   Nota: a variável em análise é o nível de hemoglobina glicosilada no final do ensaio.

Probabilidade

Você sabe que alguns processos são *determinísticos*, isto é, produzem o mesmo resultado, desde que tenham sido fixadas as condições em que ocorrem. Isso acontece na geometria. Dado o lado de um quadrado, a área está determinada. As leis da física clássica também são determinísticas. Você deve ter aprendido que todo corpo permanece em estado de repouso ou em movimento retilíneo uniforme (velocidade constante em linha reta), a menos que uma força externa atue sobre ele. E os computadores operam de maneira determinística: se você clicar sobre um ícone, sabe o que vai acontecer (ou não sabe)?

Outros processos são *probabilísticos*. Mesmo que as condições de ocorrência tenham sido fixadas, os resultados não são previsíveis. O resultado de uma observação não tem efeito sobre o resultado de outra – as observações são independentes – e tem um padrão de comportamento previsível a longo prazo. O exemplo clássico de processo probabilístico é o jogo de moedas: se você lançar uma moeda uma vez, não sabe se sairá cara ou coroa, mas se lançar a moeda muitas e muitas vezes, sabe que em metade das vezes ocorrerá coroa.

A ideia de resultado aleatório (que ocorre ao acaso) surgiu com os jogos de azar (jogo de dados, jogo de cartas, loterias, roleta). No entanto, o acaso também está presente em muitos fenômenos naturais e artificiais. Por exemplo, você *não sabe* se a próxima criança que irá nascer na cidade será menino ou menina, mas *sabe* que no decorrer do ano nascerão meninos e meninas quase na mesma proporção. E para quem trabalha na área de economia, é fato conhecido haver um componente aleatório nos preços das ações ou na taxa de câmbio.

Então, para que fique claro: os resultados de processos determinísticos são conhecidos de antemão. No caso de processos probabilísticos, acontece exatamente o contrário: os resultados têm um componente de acaso.

8.1 O que é probabilidade

O estudo de probabilidades teve início com os jogos de azar. As pessoas queriam entender a "lei" desses jogos para ganhar dinheiro nos cassinos. Só que os matemáticos acabaram descobrindo que não é possível prever, por exemplo, se vai ocorrer a face 6 em determinado lançamento de um dado. Podemos apenas descobrir, por observação, que a face 6 ocorre um sexto das vezes no decorrer de muitas jogadas.

Atualmente, o estudo de probabilidade vai além dos jogos de azar. Todos nós concordamos que jogar uma moeda para decidir quem começa um jogo de futebol evita o favoritismo. Pela mesma razão, os estatísticos recomendam escolher ao acaso as pessoas que vão responder às pesquisas de opinião (todos os elementos da população têm igual probabilidade de pertencer à amostra). O favoritismo é indesejável. Por esse motivo, a introdução deliberada do acaso. Antes, porém, de definir probabilidade, vamos ver outras definições.

8.1.1 Espaço amostral e evento

▸ Espaço *amostral* é a lista com todos os resultados possíveis de um procedimento.

EXEMPLO 8.1

Quando se joga um dado, os resultados

1; 2; 3; 4; 5 e 6

constituem o espaço amostral.

EXEMPLO 8.2

Espaço amostral

Duas moedas são lançadas. O espaço amostral é cara-cara, cara-coroa, coroa-cara, coroa-coroa.

▶ Evento é um resultado ou um conjunto de resultados com determinada característica.

EXEMPLO 8.3

Evento: um resultado

Quando se joga um dado, o espaço amostral é formado pelos números 1; 2; 3; 4; 5 e 6. A face 1 constitui um evento com essa característica.

EXEMPLO 8.4

Evento: um conjunto de resultados

Duas moedas são lançadas. O espaço amostral é cara-cara, cara-coroa, coroa-cara, coroa-coroa. "Faces iguais" constitui um evento que, na realidade, é o conjunto de resultados "cara-cara" e "coroa-coroa".

8.1.2 Definição clássica de probabilidade

▶ A probabilidade de ocorrer um evento com determinada característica é dada pelo quociente entre o número de eventos favoráveis e o número de eventos possíveis

$$\text{Probabilidade} = \frac{\text{nº de eventos favoráveis}}{\text{nº de eventos possíveis}}$$

Os estatísticos preferem expressar valores de probabilidade por números entre 0 e 1 porque em cálculos mais avançados isso é necessário. Na prática, porém, é comum fornecer probabilidades em porcentagens. Se você quiser expressar probabilidade em porcentagem, basta multiplicar o valor dado pela definição por 100 e acrescentar o símbolo de porcentagem (%) ao resultado.

EXEMPLO 8.5

Porcentagem

A probabilidade de ocorrer a face 6 quando se joga um dado equilibrado é dada pelo quociente

$$P(6) = \frac{1}{6} = 0{,}1667 \text{ ou } 16{,}67\%$$

Eventos certos têm probabilidade 1, ou 100%. Eventos impossíveis têm probabilidade zero. Por exemplo, a probabilidade de que qualquer um de nós venha morrer um dia é 1 ou 100%, pois é evento certo. A probabilidade de que qualquer um de nós seja imortal é 0 ou, o que é o mesmo, impossível.

A definição dada aqui *não* permite responder perguntas como: qual é a probabilidade de um vestibulando ser aprovado? Qual é a probabilidade de chover amanhã? Qual é a probabilidade de uma pessoa chegar aos 100 anos? Não se pode obter a probabilidade por conjeturas. É aí que entra a *frequência relativa.*

8.1.3 Frequência relativa

- A frequência relativa de determinado evento é dada pelo cociente entre o número de vezes que o evento ocorreu (número de ocorrências) e o número de eventos observados (número de observações).

$$\text{Frequência relativa} = \frac{\text{nº de ocorrências}}{\text{nº de observações}}$$

- As frequências relativas variam entre 0 e 1, mas são mais bem entendidas quando expressas em porcentagens.

EXEMPLO 8.6

Frequência relativa

A SOS Estradas[1] analisou 1.000 acidentes rodoviários com participação de caminhão ou carreta com vítima fatal, registrados pela grande imprensa entre os dias 1º de novembro de 2015 e 11 de fevereiro de 2017. Foi registrada a ocorrência de 431 mortes. Então:

$$\text{Frequência relativa} = \frac{431}{1.000} \text{ ou } 43{,}1\%$$

O valor é muito alto, o que levou os analistas a suspeitar de fadiga dos caminhoneiros.

Se um evento for observado *muitas vezes nas mesmas condições,* a frequência relativa se aproxima de um número fixo. Esse número é uma *estimativa da probabilidade* de ocorrer determinado evento.

As probabilidades de danos e eventos adversos são referidas como *riscos*. Muitos estudos já foram feitos para estimar o risco de um fumante ter câncer do pulmão, o risco de acidente de carro, o risco de um nascituro ter doença séria etc.

As companhias de seguros dependem do conhecimento de riscos, ou seja, precisam estar sempre calculando frequências relativas. Por exemplo, jovens do sexo masculino[2] pagam mais por seguros porque eles têm risco mais alto de mortes pre-

1 Pesquisa revela que quem mata caminhoneiro é caminhoneiro. Disponível em <http://estradas.com.br>. Acesso em: 29 maio 2017.

2 Tábua completa de mortalidade para o Brasil – 2014. Breve análise da evolução da mortalidade no Brasil. Disponível em: <ftp://ftp.ibge.gov.br>. Acesso em: 31 maio 2017.

maturas, violentas, que incluem os homicídios, suicídios, acidentes de trânsito, afogamentos, quedas acidentais etc.

A frequência relativa fornece uma estimativa de probabilidade, mas, para isso, é preciso que o número de eventos observados possa crescer indefinidamente. E isso torna impossível encaixar, dentro da ideia de probabilidade, afirmativas como "a probabilidade de o Brasil ganhar a próxima Copa é 0,95". Nesses casos, é necessário usar a definição subjetiva de probabilidade, que veremos em seguida.

8.1.4 Definição subjetiva de probabilidade

- Probabilidade subjetiva é um valor entre 0 e 1, que representa um ponto de vista pessoal sobre a possibilidade de ocorrer determinado evento.

É importante entender que probabilidade subjetiva não é apenas pensar de maneira lógica sobre fenômenos aleatórios. Na verdade, é a maneira como uma pessoa descreve seu grau de crença em determinado desfecho. É, portanto, racional, embora não seja baseada em técnicas computacionais, e tem sentido, quando fornecida por uma pessoa que conhece o assunto. Logo, probabilidade subjetiva é de enorme importância quando as informações são apenas parciais e é preciso intuição.

EXEMPLO 8.7

Um empresário abre um restaurante em uma cidade turística, acreditando que tem 80% de probabilidade (uma estimativa subjetiva) de sucesso. Ele poderia ter medido essa probabilidade por meio de uma pesquisa de mercado, que seria realizada por profissionais. Isso custaria tempo e dinheiro, mas seria uma forma objetiva de estimar a probabilidade de sucesso no empreendimento (ou o risco de fracasso).

A grande desvantagem da definição subjetiva de probabilidade é o fato de ser pessoal. Em função disso, nos casos em que a frequência relativa pode ser calculada, a probabilidade subjetiva pode não ter relação alguma com os resultados realmente obtidos.

A probabilidade subjetiva predomina nas decisões administrativas, nas aplicações financeiras, na especulação e nos jogos de azar. No entanto, no controle da qualidade de produtos produzidos por uma empresa, por exemplo, só tem sentido calcular frequências relativas.

8.2 Teoremas

8.2.1 Teorema da soma ou a regra do ou

Para entender bem a soma de probabilidades, divide-se a questão em duas regras: a regra nº 1, para a soma de eventos mutuamente exclusivos e a regra nº 2, para a soma de eventos não mutuamente exclusivos.

▸ Dois eventos A e B são mutuamente exclusivos se não puderem ocorrer ao mesmo tempo. A ocorrência de um deles exclui (impede) a ocorrência do outro.

EXEMPLO 8.8

Eventos mutuamente exclusivos

Quando você joga um dado, só pode ocorrer uma das faces. Então se ocorreu a face "5", ficou excluída a possibilidade de ter ocorrido qualquer outra face.

▸ *Regra 1 da soma*: Se A e B são *eventos mutuamente exclusivos*, a probabilidade de ocorrer A ou B é igual à soma das probabilidades de ocorrer cada um deles. Escreve-se:

$$P(A \cup B) = P(A) + P(B)$$

EXEMPLO 8.9

Soma de eventos mutuamente exclusivos

Quando você joga um dado, só pode ocorrer uma das faces. Qual é a probabilidade de, em um lançamento, ocorrer 1 ou 6? Usando a regra 1 da soma, você calcula a probabilidade de ocorrer 1 e a probabilidade de ocorrer 6. Depois, soma essas probabilidades.

$$P(1) = \frac{1}{6}$$

$$P(6) = \frac{1}{6}$$

$$P(1 \cup 6) = \frac{1}{6} + \frac{1}{6} = \frac{2}{6} = \frac{1}{3}$$

▸ Dois eventos A e B são *não* mutuamente exclusivos se houver pelo menos um resultado em comum.

Se A e B são dois eventos *não* mutuamente exclusivos, há uma sobreposição, isto é, existe pelo menos um resultado de A que também é resultado de B.

EXEMPLO 8.10

Eventos não mutuamente exclusivos

Quando você joga um dado, só pode ocorrer uma das faces. Mas pense no evento "número ímpar" e no evento "número maior do que 4". Esses dois eventos têm um resultado em comum: é o número 5, que tanto pertence ao evento "número ímpar" como ao evento "número maior do que 4".

Os resultados possíveis quando se lança um dado são apresentados em seguida: "números ímpares" estão circundados por uma elipse e "números maiores do que quatro" por um quadrado. Se você contar o número de resultados que correspondem ao evento "número ímpar" e o número de resultados que correspondem ao evento "número maior do que 4", terá contado 5 duas vezes.

(1) 2 (3) 4 [(5)] [6]

▸ *Regra 2 da soma*: Se *A* e *B* são *eventos não mutuamente exclusivos*, a probabilidade de ocorrer *A* ou *B* é dada pela probabilidade de *A*, mais a probabilidade de *B*, menos a probabilidade de *A* e *B* (contada duas vezes). Escreve-se:

$$P(A \cup B) = P(A) + P(B) - P(A \cap B)$$

EXEMPLO 8.11

Soma de eventos *não* mutuamente exclusivos

Quando você joga um dado, só pode ocorrer uma das faces. Qual é a probabilidade de, em um lançamento, ocorrer "número ímpar" ou ocorrer "número maior do que 4"?

Usando a regra 2 da soma, você calcula a probabilidade de ocorrer "número ímpar", a probabilidade de ocorrer "número maior do que 4" e a probabilidade de ocorrer "número ímpar maior do que 4". Depois, aplica a regra 2:

$$P(\text{número ímpar}) = \frac{3}{6} = \frac{1}{2}$$

$$P(\text{número maior que 4}) = \frac{2}{6} = \frac{1}{3}$$

$$P(\text{número ímpar} \cup \text{número maior que 4}) = \frac{3}{6} + \frac{2}{6} - \frac{1}{6} = \frac{4}{6} = \frac{2}{3}$$

8.2.2 Teorema da multiplicação ou a regra do e

Para entender bem o teorema da multiplicação de probabilidades, divide-se a questão em duas regras: a regra nº 1, para a *multiplicação de eventos independentes*, e a regra nº 2, para a *multiplicação de eventos dependentes*. Vamos começar pela "regra nº 1" e a definição de eventos independentes.

▸ Dois eventos, A e B, são *independentes* se a ocorrência de um deles (A ou B) não tiver efeito sobre a ocorrência do outro (B ou A).

EXEMPLO 8.12

Eventos independentes

Quando você joga dois dados, o resultado em um dos dados não tem qualquer efeito sobre o resultado que ocorre no outro dado.

Na vida real encontramos muitos exemplos de eventos independentes. Assim, "chover hoje" e "ser feriado amanhã" são eventos independentes porque o fato de "chover hoje" não muda a possibilidade de "ser feriado amanhã", nem o fato de "ser feriado amanhã" muda a possibilidade de "chover hoje". Na área de saúde, existem vários exemplos de eventos independentes, como o fato de o estado civil do cidadão não modificar a probabilidade de ele ser calvo. Na área de engenharia, também há eventos independentes, como a resistência de um material e seu custo.

- *Regra 1 da multiplicação*: Se A e B são *eventos independentes*, a probabilidade de ocorrer A e B é dada pela probabilidade de ocorrer A, multiplicada pela probabilidade de ocorrer B. Escreve-se:

$$P(A \cap B) = P(A) \times P(B)$$

EXEMPLO 8.13

Multiplicação de eventos independentes

Você lança dois dados ao mesmo tempo: um é vermelho e outro é amarelo. Para obter a probabilidade de ocorrer a face 3 no dado amarelo e a face 5 no dado vermelho, aplique a regra 1 da multiplicação: calcule a probabilidade de ocorrer a face 3 no dado amarelo e a face 5 no dado vermelho. Depois, multiplique essas probabilidades.

$$P(\text{3 no dado amarelo}) = \frac{1}{6}$$

$$P(\text{5 no dado vermelho}) = \frac{1}{6}$$

$$P(\text{3 no dado amarelo e 5 no dado vermelho}) = \frac{1}{6} \times \frac{1}{6} = \frac{1}{36}$$

- Dois eventos, *A* e *B*, são *dependentes* se a ocorrência do evento A modificar a probabilidade de ocorrência do evento B.

EXEMPLO 8.14

Eventos dependentes

Há seis meias em uma gaveta: três vermelhas e três azuis. Você quer um par de meias da mesma cor. Sem olhar, você retira uma meia da gaveta. É vermelha. Sem recolocá-la de volta na gaveta, você retira uma segunda meia. Nesta segunda retirada, a probabilidade de a segunda meia ser vermelha é menor. Por quê?

Porque, na primeira retirada, você tinha, em seis meias, três vermelhas. Na segunda retirada, você tinha, em cinco meias, duas vermelhas. A probabilidade de sair meia vermelha na primeira retirada era 3/6 e na segunda, 2/5.

Na vida real é comum nos depararmos com exemplos de eventos dependentes, ou seja, eventos que, embora nem sempre sejam a "causa" de outros, aumentam a probabilidade desses outros eventos acontecerem. Por exemplo, o hábito de fumar aumenta a probabilidade de a pessoa ter câncer de pulmão; o motorista alcoolizado tem maior probabilidade de provocar acidente de trânsito; o custo de uma obra de engenharia depende de seu tamanho.

- *Probabilidade condicional* de *B* dado *A* é a probabilidade de ocorrer o evento *B* sob a condição de o evento *A* ter ocorrido.
- Essa probabilidade é indicada por P(*B*|*A*), que se lê "*probabilidade* de *B* dado *A*".

EXEMPLO 8.15

Probabilidade condicional

Há seis meias na gaveta: três vermelhas e três azuis. Você quer um par de meias da mesma cor. Sem olhar, você retira uma meia da gaveta e, sem recolocá-la na gaveta, retira outra. Qual é a probabilidade de ambas serem vermelhas?

$$P(vermelha) = \frac{3}{6}$$

$$P(\text{vermelha}|vermelha) = \frac{2}{5}$$

Toda vez que calcularmos a *probabilidade condicional* de *B* dado *A*, devemos lembrar que o espaço amostral fica reduzido, porque *A* é a probabilidade de ocorrer o evento *B* sob a *condição* de o evento *A* ter ocorrido.

EXEMPLO 8.16

Redução do espaço amostral

Um dado foi lançado. Pergunta-se: 1) Qual é a probabilidade de ocorrer número 5? 2) Qual é a probabilidade de ocorrer o número 5, sabendo que ocorreu número ímpar?
Para responder a primeira questão, você tem seis eventos no espaço amostral. Então

$$P(5) = \frac{1}{6}$$

Para responder à segunda questão, você tem três eventos no espaço amostral, pois dada condição "ser ímpar", o espaço amostral ficou reduzido. Então

$$P(5|\textit{ímpar}) = \frac{1}{3}$$

Regra 2 da multiplicação: Se A e B são *eventos dependentes*, a probabilidade de ocorrer A e B é dada pela probabilidade de ocorrer A multiplicada pela probabilidade de ocorrer B dado que A ocorreu (esta probabilidade é condicional). Escreve-se:

$$P(A \cap B) = P(A) \times P(B|A)$$

EXEMPLO 8.17

Multiplicação de eventos dependentes

Uma caixa contém duas bolas brancas e três bolas azuis. Duas bolas são retiradas ao acaso, uma em seguida da outra e sem que a primeira tenha sido recolocada. Qual é a probabilidade de as duas serem brancas?
A caixa contém cinco bolas: duas são brancas. Então a probabilidade de a primeira bola retirada ser branca é

$$P(\textit{branca}) = \frac{2}{5}$$

A bola retirada não foi recolocada. Restam, portanto, quatro bolas na caixa. Se a primeira bola retirada era branca, das quatro bolas que estão na caixa, uma é branca. A probabilidade (condicional) de a segunda bola retirada ser branca é:

$$P(\textit{branca}|\textit{branca}) = \frac{1}{4}$$

A probabilidade de as duas bolas retiradas serem brancas é dada pelo produto:

$$P(\textit{branca} \text{ e } \textit{branca}) = \frac{2}{5} \times \frac{1}{4} = \frac{2}{20} = \frac{1}{10}$$

Condição de independência: dois eventos são independentes se a probabilidade de que ocorram juntos for igual ao produto das probabilidades de que ocorram em separado, uma vez que a ocorrência de um deles em nada ajuda a ocorrência do outro.

$$P(A \cap B) = P(A) \times P(B)$$

EXEMPLO 8.18

Condição de independência

A questão da *independência* é bem ilustrada pelo jogo de uma moeda duas vezes: o resultado do primeiro lançamento não influi no resultado do segundo lançamento. Os dois eventos são independentes.

EXERCÍCIOS

1. Seja X o número de caras que podem ocorrer quando se jogam duas moedas.
   a) Escreva o espaço amostral e as respectivas probabilidades.
   b) Qual é a probabilidade de ocorrer uma cara?
2. Joga-se um dado. Qual é a probabilidade de ocorrer número menor do que três?
3. Jogam-se dois dados. Qual é a probabilidade de:
   a) A soma dos pontos ser igual a 12?
   b) A soma dos pontos ser igual a 7?
4. O gestor de um supermercado quer saber a porcentagem de pessoas que pagam com cartão de crédito, e dessas, qual é a porcentagem das que fazem a opção débito. Dos 1.728 clientes que passaram pelo caixa, em uma semana, 864 optaram pelo cartão de crédito como forma de pagamento e 174 fizeram opção pelo débito. Calcule as porcentagens pedidas.
5. O diretor de uma escola perguntou aos 575 alunos se eles eram destros ou canhotos. Encontrou 46 canhotos. Estime a probabilidade de, tomando ao acaso um aluno dessa escola, ele ser destro.
6. Uma pessoa que trabalha em uma empresa coloca seu carro no estacionamento reservado aos funcionários. Mas houve uma expansão da empresa e esse estacionamento, às vezes, está lotado. Em uma manhã, essa pessoa estima, com base em 56 dias de observação, que a probabilidade de encontrar uma vaga no estacionamento está em $7/8$. Quantas vezes, nesses dias em que fez a pesquisa, essa pessoa encontrou o estacionamento lotado?
7. Imagine um pote de vidro com 11 bolinhas de diferentes cores: 3 azuis, 4 brancas, 2 vermelhas, 1 amarela, 1 verde. Qual é a probabilidade de, em uma só retirada, ocorrer bola verde ou bola amarela?
8. Uma carta será retirada ao acaso de um baralho. Qual é a probabilidade de sair um rei ou uma carta de copas?
9. É dado o conjunto de números: 1; 2; 3; 4; 5; 6; 7; 8; 9; 10. Qual é a probabilidade de, ao se tomar um número ao acaso, o número ser um ímpar menor do que 4 ou um ímpar maior do que 8?
10. É dado o conjunto de números: 1; 2; 3; 4; 5; 6; 7; 8; 9; 10. Qual é a probabilidade de, ao se tomar um número ao acaso, o número ser um ímpar ou múltiplo de 3?

11. Imagine que dois dados serão lançados juntos e que as 36 somas de pontos são igualmente prováveis. Qual é a probabilidade de a soma dos pontos ser número par?
12. Uma urna contém três bolas brancas e duas pretas[3]. Uma bola é retirada da urna, anotada a cor e recolocada. Uma segunda bola é retirada. a) Desenhe o espaço amostral. b) Qual é a probabilidade de que ambas as bolas retiradas sejam da mesma cor?
13. Reveja o Exercício 12. Nas condições descritas, qual é a probabilidade de pelo menos uma bola ser de cor branca?
14. Imagine que dois dados serão lançados juntos e que as 36 somas de pontos são igualmente prováveis. Qual é a probabilidade de a soma dos pontos ser 6?
15. Três moedas idênticas são lançadas[4]. Qual é a probabilidade de que ocorra pelo menos uma cara?
16. Suponha que uma em cada mil fechaduras de porta de carro é não conforme[5]. Qual é a probabilidade de um carro ter as duas portas com fechaduras não conformes?
17. Imagine os eventos A e B tais que $P(A) = 2/5$, $P(B)= 2/5$ e $P(A \cup B) = 1/2$. Ache $P(A \cap B)$[6].
18. Uma usina termelétrica tem uma turbina a vapor acionada por uma caldeira a carvão. Em qualquer dia, pode acontecer uma das seguintes condições: turbina em boas condições, caldeira em boas condições; turbina em boas condições, mas a caldeira não; caldeira em boas condições, mas turbina não; nem turbina, nem caldeira em boas condições. As probabilidades desses eventos estão na Tabela 6.1. Qual é a probabilidade de a turbina *ou* a caldeira não estar em boas condições?

Tabela 8.1 Probabilidades relativas à operação conjunta de uma turbina e uma caldeira

Caldeira	Turbina		Total
	Em ordem	Avariada	
Em ordem	0,9506	0,0294	0,98000
Avariada	0,0194	0,0006	0,02000
Total	0,9700	0,0300	1,00000

19. Veja a Tabela 6.1. Dadas as probabilidades apresentadas, pergunta-se: o fato de a turbina estar avariada depende de a caldeira estar avariada?
20. Mil famílias responderam a uma pesquisa relacionada com o consumo de três produtos (A, B e C)[7]. A pesquisa revelou o seguinte: 470 famílias consomem o produto A; 420 consomem o produto B; 320 consomem o produto C; 250 consomem ao mesmo tempo os produtos A e B; 150 consomem os produtos A e C; 200 consomem os produtos B e C; e 70 consomem os três produtos. Sorteando-se aleatoriamente a resposta de uma família

3 HOEL, P. G.; PORT, S. C.; STONE, C. J. *Introduction to probability theory.* Boston: Houghton Mifflin Company, 1971. p. 24
4 HOEL, P. G.; PORT, S. C.; STONE, C. J. op. cit. p. 11.
5 DUNCAN, A. J. *Quality control and industrial statistics.* 5 ed. Homewood: Irwin, 1986. p. 37.
6 HOEL, P. G.; PORT, S. C.; STONE, C. J. op. cit. p. 23.
7 Fundação de Apoio a Pesquisa, Ensino e Assistência, 2013. Instituto Nacional do Seguro Social. Analista - Engenharia Elétrica. Disponível em: <https://www.aprovaconcursos.com.br/questoes-de-concurso/prova/funrio-2013-inss-analista-engenharia-eletrica>. Acesso em: 20 jul. 2017.

entre as entrevistadas, a probabilidade dessa família consumir um e apenas um dos produtos é

a) 0,60
b) 0,47
c) 0,42
d) 0,32
e) 0,22

Distribuição normal

Absorver o conceito de aleatoriedade é muito mais importante do que absorver o conceito de causa e efeito, que já pertence ao nosso dia a dia[1]. Mas você já sabe que no jogo de uma moeda ou sai cara ou sai coroa, ou seja, o acaso determina o resultado. Sabe, também, que não é apenas nos jogos de azar que os resultados ocorrem ao acaso. Nascer menino ou menina pode ser entendido como obra do acaso. Você tem ideia, portanto, do que é *casual* ou *aleatório*. Podemos então tratar, neste capítulo, a *variável casual* ou *aleatória* e sua *distribuição*. Pode parecer difícil, mas tenha em mente que a estatística muitas vezes apenas formaliza o que nós já intuímos.

1 "O acaso é conceito mais fundamental que causalidade." Max Born apud MLODINOW, L. *O andar do bêbado*. Rio de Janeiro: Zahar, 2009. p. 207.

9.1 Variável aleatória

- Uma variável é casual ou aleatória quando o acaso tem influência sobre seus resultados.

As variáveis aleatórias assumem valores diferentes em diferentes unidades da mesma população. Mas isso não significa que a variável aleatória possa assumir qualquer valor (um número aleatório). A variável aleatória tem um conjunto de valores possíveis, ou seja, varia dentro de um intervalo definido. Cada valor, ou cada conjunto de valores possíveis, ocorre com determinada probabilidade. O adjetivo "aleatório" associado à variável indica apenas que os resultados se sucedem ao acaso – sem que você saiba qual resultado irá ocorrer.

EXEMPLO 9.1

Uma variável aleatória

O tempo despendido por um operário para executar uma tarefa é uma variável aleatória. Há fatores determinísticos, mas há também fatores aleatórios que afetam o tempo de execução da tarefa. Portanto, se você anotar o tempo em que cada um de dez operários executa a mesma tarefa nas mesmas condições e no mesmo dia, verá variabilidade nos valores obtidos, porque esse tempo é uma variável aleatória, ou seja, não se pode prever, com exatidão, o tempo que cada operário despenderá para executar a tarefa. Muitos fatores atuam sobre o tempo de execução de uma tarefa – alguns são previsíveis, mas outros são imprevisíveis.

9.2 Curva de Gauss

Erros de medida são variáveis aleatórias. Foi Gauss, o grande matemático e astrônomo do século XIX, quem constatou esse fato. Medindo repetidamente a mesma grandeza, Gauss notou a variação dos resultados. Desenhou, então, um histograma e percebeu que o desenho tinha o aspecto da "curva do sino", mostrada na Figura 9.1. Essa curva é hoje conhecida pelos físicos como a curva de Gauss.

Figura 9.1 Curva de Gauss

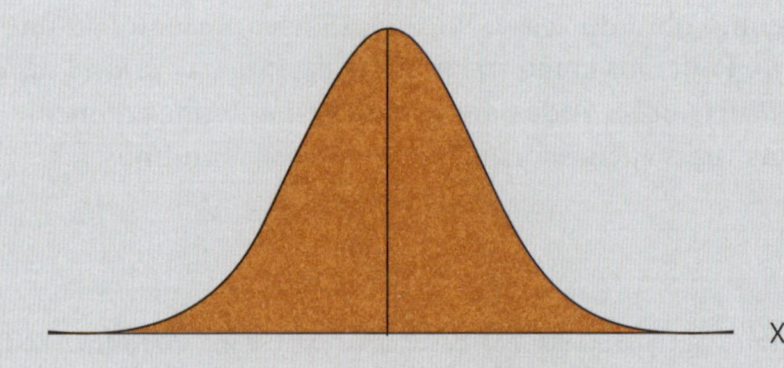

EXEMPLO 9.2

Erros de medida

Imagine que, para medir o período de oscilação de um pêndulo, você fez 20 medições com um cronômetro. Os resultados estão na Tabela 9.1.

Tabela 9.1 Leituras do período de oscilação do pêndulo, em segundos

3,7	3,5	3,7	3,6
3,9	3,5	3,6	3,9
3,3	3,6	3,4	3,5
3,4	3,5	3,5	3,6
3,7	3,6	3,8	3,7

A *melhor estimativa* para o período de oscilação é a média das 20 medidas:

$$\bar{x} = \frac{3{,}7 + 3.8 + \cdots + 3{,}7}{20} = 3{,}6$$

Os erros de medida são estimados pelos desvios em relação à média, apresentados na Tabela 9.2. Verifique que a média das estimativas dos erros de medida é 0.

Tabela 9.2 Estimativas dos erros de medida das leituras do período de oscilação do pêndulo, em segundos

0,1	−0,1	0,1	0,0
0,3	−0,1	0,0	0,3
−0,3	0,0	−0,2	−0,1
−0,2	−0,1	−0,1	0,0
0,1	0,0	0,2	0,1

Organize as estimativas dos erros de medida em uma tabela de distribuição de frequências, como a Tabela 9.3, e desenhe um histograma.

Tabela 9.3 Distribuição de frequências

Erro	Frequência
−0,3	1
−0,2	2
−0,1	5
0,0	5
0,1	4
0,2	1
0,3	2

Figura 9.2 Histograma para as estimativas dos erros de medida das leituras do período de oscilação do pêndulo, em segundos

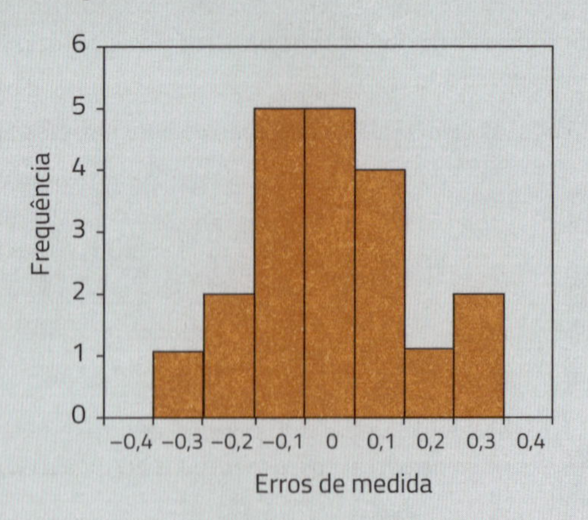

O histograma mostra que os erros de medida distribuem-se em torno da média 0. O grau de dispersão é dado pelo desvio padrão:

$$s = \sqrt{\frac{\sum (x - \overline{x})^2}{n-1}} = 0{,}159$$

À medida que a amostra aumenta, os histogramas que apresentam erros de medida começam a se assemelhar à curva de Gauss, representada em gráfico na Figura 9.2. Reveja o histograma da Figura 9.2, agora com a curva desenhada sobre ele, na Figura 9.3. Se as medições fossem repetidas muitas e muitas vezes, teríamos um histograma com aspecto muito similar ao da curva de Gauss.

Figura 9.3 Histograma da Figura 9.2, com a curva de Gauss

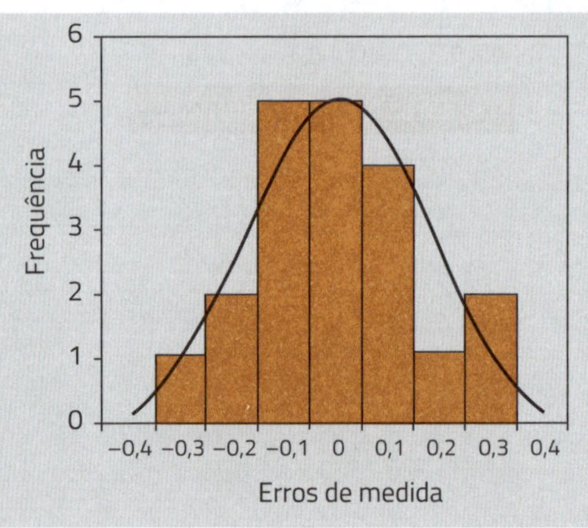

Toda distribuição de frequências é construída com os dados de uma amostra. Mas não são apenas os erros de medida que dão lugar a histogramas que se assemelham à "curva do sino". Isso também acontece na biologia. Foi um matemático do século XIX quem primeiro pensou em descrever a variabilidade das medidas biométricas e estudar sua distribuição[2]. Para isso, ele tomou várias medidas em nada menos do que 5.732 soldados escoceses[3]. Veja o Exemplo 9.3, que apresenta as medições de perímetro torácico feitas por esse matemático[4].

EXEMPLO 9.3

Uma variável aleatória

A Tabela 9.4 apresenta a distribuição de frequências para o perímetro torácico dos soldados em 16 classes iguais, com amplitude de uma polegada.

Tabela 9.4 Distribuição de frequências para perímetro torácico de homens adultos, em polegadas

Classe	Perímetro torácico	Frequência	Proporção
1	34	3	0,00052
2	35	19	0,00331
3	36	81	0,01413
4	37	189	0,03297
5	38	409	0,07135
6	39	753	0,13137
7	40	1062	0,18528
8	41	1082	0,18876
9	42	935	0,16312
10	43	646	0,11270
11	44	313	0,05461
12	45	168	0,02931
13	46	50	0,00872
14	47	18	0,00314
15	48	3	0,00052
16	49 e mais	1	0,00017

Com os dados da Tabela 9.4, foi construído o histograma apresentado na Figura 9.4. Note a configuração, que se assemelha à curva do sino.

2 Adolphe Quetelet (1796-1874).

3 Os homens eram, em média, menores do que são hoje.

4 DALY, F.; HAND, D; JONES, C; LUNN, D. *Elements of statistics*. London: Addison Wesley, 1995.

Figura 9.4 Histograma para a distribuição de frequências do perímetro torácico de homens adultos, em polegadas

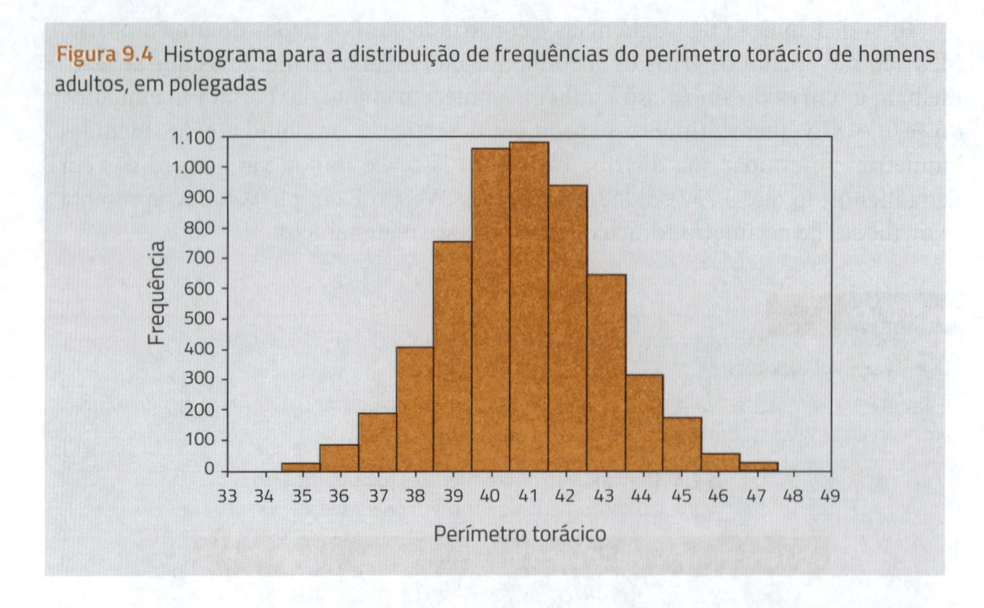

Os produtos fabricados em série também apresentam medidas que se distribuem de acordo com a curva de Gauss. Não é fácil entender isso, mas imagine que alguém vai fazer 150 pães, um a um[5].

A receita que a pessoa tem foi elaborada para produzir pães com 500 g. No entanto, existem muitas causas de variação para o peso dos pães. Por simples acaso, às vezes mais, às vezes menos farinha e/ou leite pode ser colocado em alguns pães. O forno pode estar em alguns momentos mais quente, em outros, menos quente. Enquanto os pães crescem, pode haver um pouco mais de umidade no ar para uns, e um pouco menos para outros. A temperatura ambiente pode variar – e assim por diante. O resultado desses efeitos todos é que, no final, alguns pães terão mais do que 500 g, outros menos, mas a grande maioria terá peso aproximado de 500 g.

A pequena variação de peso dos pães ocorre porque o processo de produção não pode ser totalmente controlado: há variações nas quantidades dos ingredientes e nas condições do ambiente que acontecem por acaso e são imprevisíveis. Um histograma com os pesos dos pães iria revelar uma distribuição que se assemelha à curva do sino. Mas você pode estar pensando que a variação que ocorre no processo de produção de pães é "impossível" quando se trata de produtos de alta precisão. Isto não é, porém, verdade. Alta precisão significa apenas pequeno desvio padrão. A produção de um item de alta precisão tem rígido controle de qualidade para manter pequena a variabilidade.

Muitos levantamentos de dados, seja na área da ciência ou de tecnologia, produzem histogramas que têm aparência similar à da Figura 9.1, uma distribuição teórica. Na Estatística, essa distribuição, que hoje é a base de grande parte de sua evolução, com enorme aplicação prática, recebeu o nome *de distribuição normal.*

---

5 MLODINOW, L. *O andar do bêbado.* Rio de Janeiro: Zahar, 2009. p. 153.

9.3 Distribuição normal

Vamos estudar a *distribuição normal*, que tem características bem conhecidas:

- Graficamente, é uma curva em forma de sino.
- A média, a mediana e a moda coincidem e estão no centro da distribuição.
- A curva é simétrica em torno da média. Logo, 50% dos valores são iguais ou maiores do que a média e 50% dos valores são iguais ou menores do que a média.
- A curva abriga 100% da população. Isto equivale dizer que a área total sob a curva é 1.

Figura 9.5 Simetria da distribuição normal

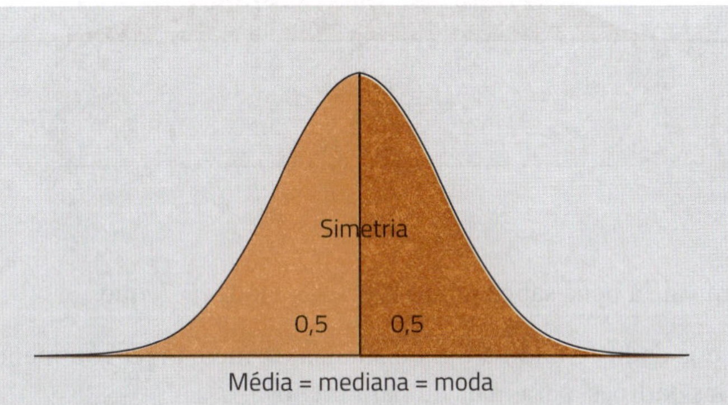

Nenhuma distribuição de dados reais tem características idênticas às da distribuição normal. No entanto, se você puder pressupor que a variável que estuda tem distribuição aproximadamente normal, pode considerar que os dados obedecem à chamada "regra empírica". De acordo com essa regra[6]:

- 68,27% (pouco mais de ⅔) dos dados estarão a uma distância da média igual ou menor que um desvio padrão, para mais ou para menos.
- 95,45% dos dados estarão a uma distância da média igual ou menor que dois desvios padrões, para mais ou para menos.
- 99,73% dos dados estarão a uma distância da média igual ou menor que três desvios padrões, para mais ou para menos.

6 Os valores foram aproximados, o que condiz com as finalidades deste livro. Para mais detalhes, veja: VIEIRA, S. *Introdução à bioestatística*. 5. ed. Rio de Janeiro: Elsevier, 2006. VIEIRA, S. *Estatística para a qualidade*. 3. ed. Rio de Janeiro: Elsevier, 2017.

A Figura 9.6 mostra subdivisões dentro do gráfico da distribuição normal, com as respectivas probabilidades, de acordo com a regra empírica.

Figura 9.6 Regra empírica

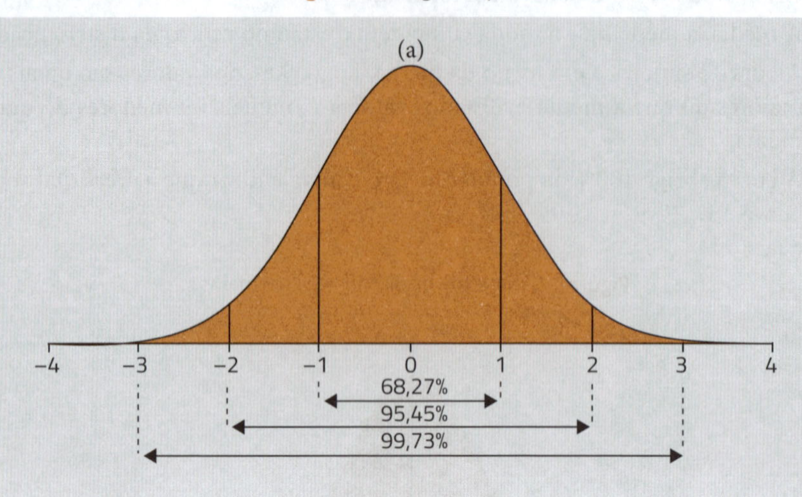

Também vale a pena saber, como mostra a Figura 9.7, que

- 90% dos dados estarão a uma distância da média igual ou menor que 1,645 desvios padrões, para mais ou para menos.
- 98,76% dos dados estarão a uma distância da média igual ou menor que 2,5 desvios padrões, para mais ou para menos.

Figura 9.7 Probabilidades sob a curva normal

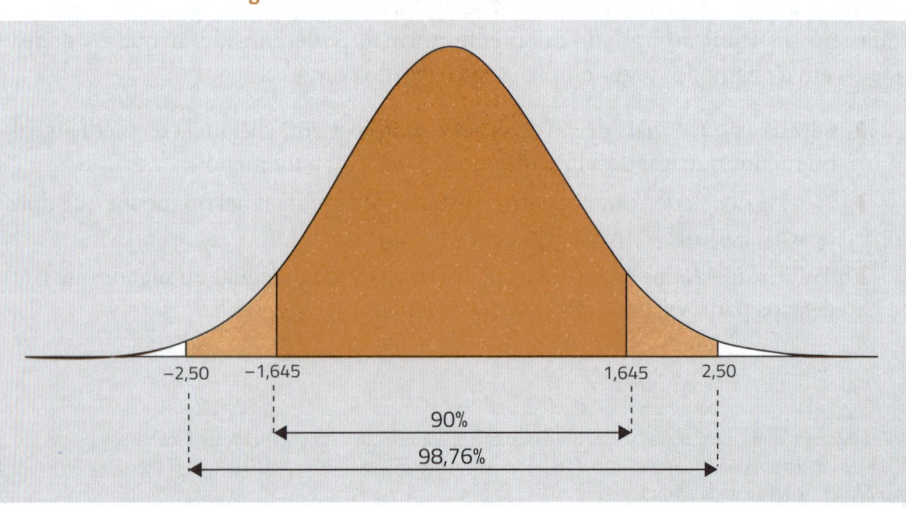

EXEMPLO 9.4

Aplicando a regra empírica

De acordo com o teste de inteligência de Weschler, o quociente de inteligência tem distribuição normal de média $\mu = 100$ e desvio padrão $\sigma = 15$. Então, dadas às características da distribuição normal, de acordo com esse teste:

- **68,27%** das pessoas têm quociente de inteligência entre 100 ± 15, ou seja, entre 85 e 115.
- **95,45%** das pessoas têm quociente de inteligência entre $100 \pm 2 \times 15$, ou seja, entre 70 e 130.
- **99,73%** das pessoas têm quociente de inteligência entre $100 \pm 3 \times 15$, ou seja, entre 55 e 145.

9.4 Usos da distribuição normal

A distribuição normal é muito usada na área de medicina. É possível estabelecer *intervalos de normalidade* para variáveis de interesse médico como, por exemplo, número de batimentos cardíacos por minuto, dosagem de glicose no sangue, pressão arterial etc. É preciso, porém, obter a média μ e o desvio padrão σ, medindo toda a população ou, pelo menos, tomando medidas em grandes amostras (milhares de pessoas).

EXEMPLO 9.5

Estabelecendo *intervalo* de normalidade

A quantidade de ureia no soro humano de uma pessoa sadia é uma variável aleatória com distribuição normal de média $\mu = 32,5$ mg/dL e desvio padrão $\sigma = 5,8$ mg/dL. Então, a probabilidade de ocorrer valor da variável no intervalo $\mu \pm 3\sigma$ é 0,997. Logo, a probabilidade de uma pessoa sadia ter, no soro, quantidade de ureia entre $\mu \pm 3\sigma$, ou seja, entre

- $\mu - 3\sigma = 32,5 - 3 \times 5,8 = 15,1$
- $\mu + 3\sigma = 32,5 + 3 \times 5,8 = 49,9$

é 99,7%. Toma-se o intervalo [15,1 mg/dL; 49,9 mg/dL] como intervalo de normalidade. Em outras palavras, a quantidade de ureia no soro humano não estará normal se estiver abaixo de 15,1 mg/dL ou acima de 49,9 mg/dL.

Nas engenharias, a distribuição normal é usada, por exemplo, para estabelecer intervalos para propriedades físicas como resistência à ruptura, resistência à compressão, ponto de fusão etc. de materiais como ferro, alumínio, argila entre outros. Mas há, ainda, vários outros usos.

EXEMPLO 9.6

Aplicando a regra empírica na engenharia

Uma olaria faz tijolos com comprimento médio de μ = 200 mm e desvio padrão σ = 5 mm. Devem ser retrabalhados todos os tijolos com comprimento fora do intervalo $\mu \pm 3\sigma$. Se forem produzidos 10.400 tijolos em determinado dia, espera-se retrabalho. A probabilidade de uma unidade ser igual ou maior, ou igual ou menor do que três desvios padrão é 0,0013. Então, a probabilidade de a olaria precisar de retrabalho é 2 × 0,0013 = 0,0026. Como foram produzidos 10.400 tijolos, espera-se retrabalho em

$$10.400 \times 0{,}0026 = 27 \text{ tijolos}$$

9.5 Distribuição das médias das amostras

Entender o comportamento das médias de dados observados é um dos pontos cruciais para quem estuda estatística. Veja:

- Se a variável em estudo tiver distribuição normal, as médias obtidas em amostras de *qualquer* tamanho, tomadas ao acaso da população, têm distribuição normal.
- Se a variável em estudo tiver distribuição aproximadamente normal, amostras de dez *unidades* tomadas ao acaso da população são, em geral, suficientemente *grandes* para que suas médias tenham distribuição normal, desde que a distribuição não seja assimétrica[7].
- Nos casos em que as variáveis têm grande variabilidade (como acontece na biologia com peso ao nascer, ingestão alimentar, peso corporal, taxa de colesterol, pressão arterial), para que as médias tenham distribuição aproximadamente normal é necessário tomar amostras casuais da população com tamanho variando entre 30 a 100 unidades.

A média das médias de todas as amostras possíveis de uma população tem média μ igual à média da população. Isso é intuitivo. Mas também é fácil entender que as médias das amostras têm variabilidade *menor* do que a variabilidade dos dados de toda a população. Se a amostra tiver um dado, com valor muito alto, discrepante dos demais, provavelmente terá, também outros dados, com valores menores, que farão a compensação. Isto faz com que as médias das amostras tenham variabilidade menor do que a dos dados da população.

7 Esse comportamento é descrito pelo *Teorema do Limite Central* que diz, mais ou menos: a distribuição da soma de variáveis aleatórias independentes é normal, desde que a amostra seja suficientemente grande. O *Teorema do Limite Central* é assim chamado não porque fornece um "limite central", mas porque é um teorema do limite que é central para a prática da estatística. Ele descreve o comportamento da média da amostra à medida que o tamanho da amostra aumenta.

A variabilidade das médias é medida pela variância da média[8], dada pela fórmula:

$$\sigma^2_{\bar{x}} = \frac{\sigma^2}{n}$$

em que $\sigma^2_{\bar{x}}$ é a variância da média, σ^2 é a variância da população e n é o tamanho da amostra.

Quando as médias de amostras tomadas ao acaso da população têm distribuição normal com média μ e variância da média $\sigma^2_{\bar{x}}$, vale a regra dada a seguir, também mostrada na Figura 9.8:

- Cerca de 68% (pouco mais de ⅔) das médias de amostras de tamanho n tomadas ao acaso da população estarão a menos de um erro padrão de distância da média da população.
- Cerca de 95% das médias de amostras de tamanho n tomadas ao acaso da população estarão a menos de dois erros padrões de distância da média da população.
- 99,7% das médias de amostras de tamanho n tomadas ao acaso da população estarão a menos de três erros padrões de distância da média da população.

Figura 9.8 Probabilidades associadas à distribuição das médias

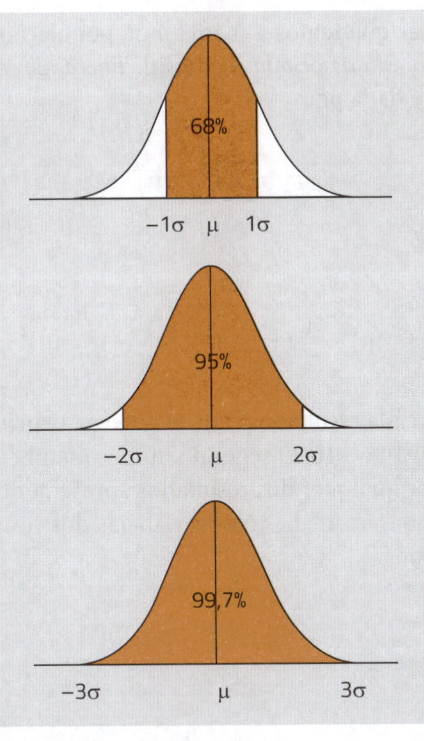

8 Veja mais explicações sobre variância da média na Seção 9.6 deste capítulo.

9.6 Erro padrão da média

Para explicar erro padrão da média e mostrar a lógica dos graus de liberdade, vamos usar um exemplo irreal, mas que ajuda entender essa questão.

Imagine uma urna com três bolas numeradas. Os números são 4, 10 e 16. Um jogador retira uma bola, anota o número, retorna a bola à urna e retira uma segunda bola. Novamente, anota o número e retorna a bola à urna. Depois calcula a média, que são seus pontos no jogo.

Em termos teóricos, você tem uma população infinita de bolas numeradas (porque você retira uma bola da urna e a retorna) e esse jogo pode ser jogado um número infinito de vezes. A média μ da variável em análise é

$$\mu = \sum x_i p_i$$

Nessa fórmula, $i = 1, 2, \ldots$; x_i pode assumir somente os valores 4, 10 ou 16, todos com probabilidade $p_i = 1/3$. Então:

$$\mu = 4 \times \frac{1}{3} + 10 \times \frac{1}{3} + 16 \times \frac{1}{3} = 10$$

É importante notar que temos a média μ da população, que é um parâmetro. Então *a variância não está associada a graus de liberdade*. A dispersão da variável em torno da média μ é dada por:

$$\sigma^2 = \sum \left(x_i - \mu\right)^2 p_i$$

No caso, temos:

$$\sigma^2 = \left(4-10\right)^2 \times \frac{1}{3} + \left(10-10\right)^2 \times \frac{1}{3} + \left(16-10\right)^2 \times \frac{1}{3} = 24$$

Considere, agora, cada resultado possível no jogo. O primeiro número retirado da urna pode ser 4, ou 10 ou 16. O segundo número também pode ser 4, ou 10 ou 16. Logo, pode ocorrer qualquer dos resultados apresentados na Tabela 9.5. Nessa tabela também são dadas as médias e as variâncias dos resultados que podem ser obtidas por um jogador.

Tabela 9.5 Amostras de dois números que podem ser obtidas da população constituída por números 4, 10 e 16, com as respectivas médias e variâncias

1° número retirado	2° número retirado	Média	Variância
4	4	4	0
4	10	7	18
4	16	10	72
10	4	7	18
10	10	10	0
10	16	13	18
16	4	10	72
16	10	13	18
16	16	16	0
Média		10	24

Observe os resultados apresentados na Tabela 9.5: a média das médias de todas as amostras possíveis é igual à média da população e a média das variâncias de todas as amostras possíveis é igual à média da variância da população. Mas veja bem: para que a média das variâncias de todas as amostras seja igual à variância da população, é preciso que as variâncias das amostras tenham sido obtidas com o divisor $n - 1$.

Dizemos então que a média de uma amostra é uma *estimativa não tendenciosa* da média da população e a variância de uma amostra (com o divisor $n - 1$) é uma *estimativa não tendenciosa* da variância da população. Por que "não tendenciosa"? Porque elas tendem para os valores dos parâmetros.

Sabemos que a média das médias é dada pela soma dos produtos das médias $\overline{x}_i$ pelas respectivas probabilidades p_i:

$$\mu = \sum \overline{x}_i p_i$$

Para o exemplo, a Tabela 9.5 apresenta os nove arranjos que podem ocorrer quando se tomam amostras de tamanho 2 da população estudada. Note que:

- as médias 4 e 16 ocorrem, cada uma, com probabilidade 1/9;
- as médias 7 e 13 ocorrem, cada uma, com probabilidade 2/9;
- a média 10 ocorre com probabilidade 3/9.

Então a média das médias é

$$4 \times \frac{1}{9} + 7 \times \frac{2}{9} + 10 \times \frac{3}{9} + 13 \times \frac{2}{9} + 16 \times \frac{1}{9} = 10$$

As médias das amostras estão dispersas em torno da média μ da população. Será possível medir *o grau de dispersão das médias das amostras* em torno da média da população?

É importante notar que temos a média μ da população, que é um parâmetro. Então não associamos graus de liberdade à variância. A dispersão das médias das amostras em torno da média μ da população é dada pela variância da média:

$$\sigma_{\bar{x}}^2 = \sum (\bar{x}_i - \mu)^2 p_i$$

em que $\bar{x}_i$ é a média da i-ésima amostra e p_i é a probabilidade de cada média ocorrer. Para as médias apresentadas na Tabela 9.5, a variância da média é:

$$\sigma_{\bar{x}}^2 = (4-10)^2 \times \frac{1}{9} + (7-10)^2 \times \frac{2}{9} + (10-10)^2 \times \frac{3}{9} + (13-10)^2 \times \frac{2}{9} + (16-10)^2 \times \frac{1}{9}$$

$$\sigma_{\bar{x}}^2 = \frac{36+9+0+9+36}{9} = \frac{108}{9} = 12$$

Na prática, é impossível calcular a variância da média pela fórmula apresentada: o pesquisador dispõe de uma *única* amostra — e *não* de todas as amostras possíveis. Existe, porém, uma solução: *já se demonstrou* que a estimativa da variância da média[9] é dada pela fórmula:

$$s_{\bar{x}}^2 = \frac{s^2}{n}$$

em que s^2 é a variância da amostra e n é o tamanho da amostra.

Uma amostra permite, portanto, *estimar a variância da média* que, como vimos, é uma estimativa da variabilidade das médias que seriam obtidas, caso o pesquisador tivesse tomado, nas mesmas condições, todas as amostras possíveis. Podemos calcular o desvio padrão da média, mais conhecido como *erro padrão da média*, que é indicado por $s_{\bar{x}}$ e é dado por:

$$s_{\bar{x}} = \frac{s}{\sqrt{n}}$$

Erro padrão da média é a raiz quadrada com sinal positivo da variância da média.

9 Note que, para isto ser verdade, é preciso que as variâncias das amostras tenham sido estimadas usando os graus de liberdade como divisor.

EXERCÍCIOS

1. Na linha de produção de uma fábrica de alimentos enlatados foi instalado um medidor de pH (pHmetro) que verifica o pH do conteúdo de cada lata, antes do fechamento. O pH deve ser exatamente 7,0, mas os erros de leitura tem distribuição normal com média 0 e desvio padrão 0,4. Foram feitas várias leituras. Faça um gráfico com os erros de leitura. Qual foi a média e qual foi o desvio padrão?

Tabela 9.6 Leituras de pH em enlatados

Leituras de pH					
6,5	6,8	6,9	7	7,1	7,3
6,6	6,9	7	7	7,1	7,3
6,7	6,9	7	7,1	7,2	7,3
6,7	6,9	7	7,1	7,2	7,4
6,8	6,9	7	7,1	7,2	
6,8	6,9	7	7,1	7,2	
6,8	6,9	7	7,1	7,2	

2. Em uma distribuição normal, que proporção de casos cai:
   a) Fora dos limites $X = \mu + \sigma$ e $X = \mu - \sigma$?
   b) Fora dos limites $X = \mu + 2\sigma$ e $X = \mu - 2\sigma$?
3. A resistência de resistores tem distribuição normal de $\mu = 100$ ohms e desvio padrão $\sigma = 2$ ohms. Qual é a porcentagem de resistores com resistência:
   a) Entre 98 e 102 ohms?
   b) Maior do que 95 ohms?
4. Em homens adultos, a quantidade de hemoglobina por 100 ml de sangue é uma variável aleatória com distribuição normal de média $\mu = 16$ g e desvio padrão $\sigma = 1$ g. Qual é a probabilidade de um homem apresentar de 16 a 18 g de hemoglobina por 100 ml de sangue?
5. Uma máquina de empacotar determinado produto apresenta variações de peso com desvio padrão de 20 g. O peso médio do pacote foi regulado em 400 g. Serão descartados 5% dos produtos com menor peso. Qual é esse peso, ou seja, qual é o ponto de corte para o descarte?
6. Em uma academia, os ginastas levantam, em média, 80 kg de peso, com desvio padrão de 10 kg. Pressupondo distribuição normal, que proporção dos ginastas levanta mais de 100 kg?
7. A tensão da energia elétrica recebida em uma sala de máquinas tem variabilidade. Construa um histograma com os dados que estão na Tabela 9.7. Você acha que a distribuição dos dados assemelha-se a uma normal?

Tabela 9.7 Tensão em volts da energia elétrica recebida em uma sala de máquinas

110	115	112	109	117
112	109	109	120	112
127	112	108	108	126
109	114	123	109	128
126	117	124	115	127

8. O quociente de inteligência é uma variável aleatória com distribuição aproximadamente normal de média 100 e desvio padrão 15. Usando a regra empírica, qual é a proporção de pessoas com quociente de inteligência acima de 130?

9. Copos de água envasada por uma empresa contêm, em média, 200 ml de água mineral. O desvio padrão σ é desconhecido. Pressupondo que a variável aleatória que representa a quantidade de água mineral em um copo tenha distribuição normal, indique qual das seguintes afirmativas é verdadeira.

a) $P(X > 200) = 0{,}60$

b) $P(X < 200) < 0$

c) $P(X \geq 200) = P(X \leq 200)$

10. Em exames radiológicos e laboratoriais, o uso da distribuição normal é comum. Veja como isto é feito. Com base em grandes amostras, estimam-se μ e σ. Depois, com base na distribuição normal, definem-se critérios de normalidade e não-normalidade. Por exemplo, para densidade mineral óssea (em inglês *bone mineral density* – BMD), que é medida em gramas por centímetro ao quadrado, a Organização Mundial de Saúde considera:

- Normal: qualquer valor mais alto que $\mu - \sigma$.
- Osteopenia ou osteoporose pré-clínica: valores entre $\mu - \sigma$ e $\mu - 2{,}5\sigma$.
- Osteoporose: valores abaixo de $\mu - 2{,}5\sigma$.

Figura 9.9. Distribuição normal da variável de BMD

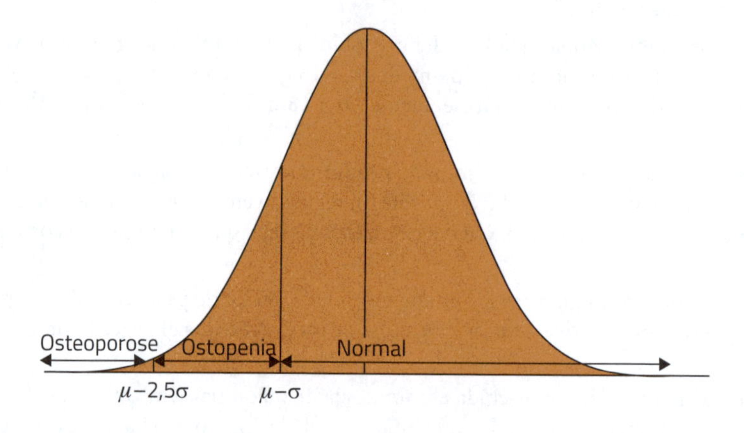

Então, se for aceito que, para coluna lombar, a BMD médio é 1,061 com desvio padrão 1,0, como é diagnosticada a pessoa que tiver BMD = 0,060?

11. Uma variável tem distribuição normal com média μ, variância σ^2 e desvio padrão σ. Em relação a estes parâmetros[10]:

a) A variância é uma medida cujo significado é a metade do desvio padrão.

b) A variância é calculada com base no dobro do desvio padrão.

c) O desvio padrão é a raiz quadrada da variância.

d) A média dividida pelo desvio padrão forma a variância.

e) A variância elevada ao quadrado indica qual é o desvio padrão.

Nota: a pergunta foi refeita pela autora deste livro, para maior clareza.

12. A probabilidade de se observar um ponto além de uma distância da média igual ou maior que dois desvios padrões, para mais ou para menos, é 4,55%.

a) Certo

b) Errado

10 Prova: Ministério Público do Estado do Amapá. Analista ministerial. 2012. Disponível em: <https://www.qconcursos.com/.../provas/fcc-2012-mpe-ap-analista-ministerial>. Acesso em: 14 ago. 2017.

Inferência estatística

A estatística pode ser dividida em duas partes: a estatística descritiva e a inferência estatística. A *estatística descritiva* trata a apresentação dos dados em tabelas e gráficos e resume características importantes da amostra, pois aponta tendência central, variabilidade e relações entre variáveis. Em outras palavras, a estatística descritiva mostra o que encontramos na amostra e dá fundamentação para dizer o que, provavelmente, ocorre na população. Mas é a *inferência estatística* que, com base nas informações colhidas na amostra, permite fazer generalizações para a toda a população.

Inferência estatística é o processo de tirar conclusões sobre uma população com base em amostras coletadas dessa população.

10.1 Estimativa por ponto e estimativa por intervalo

Para mais bem distinguir estatística descritiva de inferência estatística, vamos analisar aqui a questão da *estimativa por ponto* e da *estimativa por intervalo*. Em termos simples, qualquer estatística pode ser uma estimativa por ponto. Uma estatística sempre estima um parâmetro da população. Por exemplo, uma amostra de 1.000 homens pode fornecer a média de estatura. Esta é uma estimativa por ponto do parâmetro μ, a média verdadeira da estatura de *todos* os homens.

Por outro lado, com base nos mesmos dados, você pode fazer inferência estatística e obter uma estimativa por intervalo. Poderá então dizer, por exemplo, que tem 95% de confiança que a estatura média de um homem está entre 1,51 m e 1,89 m. Veja bem: você ampliou a informação porque está fornecendo não um só valor como estimativa, mas um intervalo que provavelmente contém o parâmetro.

Para tirar conclusões para toda a população com base em uma amostra, duas ideias são básicas:

1. A amostra deve ser representativa da população.
2. Há incerteza sobre quão bem a amostra representa a população.

Vamos entender essas ideias. Para que represente bem a população, a amostra precisa ter sido obtida de acordo com a técnica correta. Veja o Exemplo 10.1.

EXEMPLO 10.1

Estimativa por ponto

Um perito é chamado para estabelecer se as barras de chocolate ao leite com peso de 100 g de determinada marca apresentam a quantidade de 30 g de cacau que consta nas embalagens. Uma amostra de 25 barras tomadas ao acaso forneceu a média de 29,1 g. Esta é uma estimativa por ponto da média da quantidade de cacau em todas as barras de chocolate ao leite de 100 g dessa marca.

Figura 10.1 Estimativa por ponto

28 28,5 29 29,5 30 30,5

Antes de obter a amostra, o perito considerou que dentro da mesma fábrica existem subclasses de barras de chocolate, como chocolate amargo, ao leite e branco. É frequente que essas barras recebam recheios para modificar seu sabor, como caramelo, castanhas ou frutas. Dentro de cada subclasse, o teor médio de cacau é, provavelmente, diferente. Então, o perito tomou, ao acaso, 25 barras de chocolate de uma só subclasse. É razoável considerar que a amostra é representativa de determinada subclasse. No entanto, uma amostra nunca é *representação perfeita* da população.

Por esse motivo, há sempre um elemento de incerteza nas estatísticas. Afinal, amostras diferentes tomadas da mesma população não são iguais entre si. Reveja o Exemplo 10.1: se forem coletadas várias amostras de 25 barras de chocolate da mesma subclasse, o perito encontrará diferentes quantidades médias de cacau nessas amostras devido a causas diversas, por exemplo, má calibração dos equipamentos da própria fábrica, mudança de fornecedores, troca de operadores etc.

Mesmo assim, é a amostra que fornece informações sobre a população. Observamos a amostra e generalizamos o que vimos para toda a população. Então, como mostraremos neste capítulo, devemos calcular os chamados *intervalos de confiança* que contêm, com certa probabilidade, o parâmetro que queremos estimar.

10.2 Intervalo de confiança

Antes, porém, de aprender a calcular um intervalo de confiança, convém entender seu significado. É complicado. Lembre-se de que, por meio da estatística descritiva, podemos resumir o que vimos em uma amostra. Mas quando generalizamos o que vimos, podemos incorrer em erro. Afinal, a amostra não é uma representação perfeita da população.

Então, quando exibimos um intervalo de 95% de confiança, estamos dizendo que 95% dos intervalos obtidos da mesma maneira incluirão o parâmetro (no exemplo, a média verdadeira), mas estamos, implicitamente, informando que 5% dos intervalos obtidos dessa mesma maneira não incluem o parâmetro. O que isso significa? Um intervalo de confiança dá ideia de *quanto de incerteza* devemos associar à estimativa do parâmetro, mas *não* a certeza.

EXEMPLO 10.2

Estimativa por intervalo

O perito chamado para verificar se as barras de chocolate ao leite de determinada marca têm 30 g de cacau como consta nas embalagens de 100 g do produto, toma uma amostra de 25 barras ao acaso, determina a quantidade de cacau em cada barra e calcula a média: 29,1 g. A empresa informou ao perito que a quantidade de cacau nas barras de chocolate de 100 g tem desvio padrão de 2 g. O perito apresenta, então, um intervalo de 95% de confiança para a média:

$$29{,}1 \text{ g} \pm 0{,}8 \text{ g}$$

Figura 10.2 Estimativa por intervalo

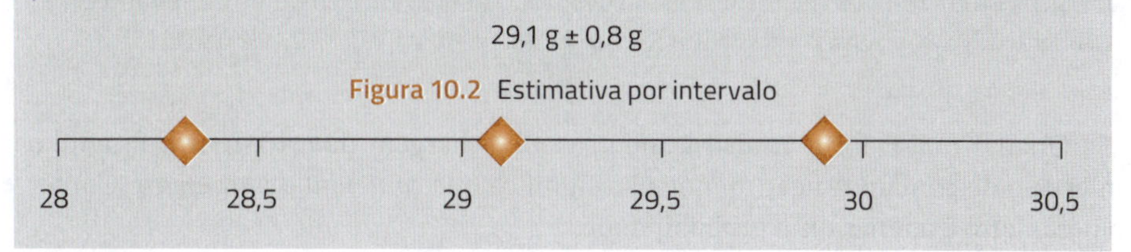

Este intervalo indica que a média verdadeira da quantidade de cacau nas barras de chocolate da marca estudada está, *provavelmente*, entre 28,3 g e 29,9 g. *Mas pode não estar.* Veja bem: um intervalo de 95% confiança não significa certeza, apenas um nível de 95% de confiança.

Um intervalo de confiança para a média é uma *estimativa por intervalo*. Se forem tomadas sucessivas amostras e forem calculados os respectivos intervalos de 95% de confiança, 95% dos intervalos devem conter a média μ da população.

Um intervalo de confiança fornece a amplitude dos valores que, com probabilidade especificada, contém o parâmetro de interesse.

Um intervalo de 95% de confiança pode conter o parâmetro (a chance é de 19 em 20) ou não conter o parâmetro (a chance é de 1 em 20). Não sabemos, quando apresentamos um intervalo de 95% de confiança, se o parâmetro está, ou não está contido no intervalo. Provavelmente está, porque a chance de erro é de 1 em 20. Os níveis de confiança podem, portanto, ser entendidos como porcentagens de certeza.

Nível de confiança é a porcentagem esperada de amostras que incluem o parâmetro de todas as amostras possíveis.

Podemos selecionar, ao acaso, diferentes amostras da mesma população, que produzirão diferentes intervalos de confiança, com diferentes margens de erro.

Margem de erro é metade da amplitude do intervalo de confiança.

EXEMPLO 10.3

Margens de erro

O perito chamado para verificar se as barras de chocolate ao leite de determinada marca têm 30 g de cacau como consta nas embalagens de 100 g do produto, calculou um intervalo de 95% de confiança:

$$29,1\text{ g} \pm 0,8\text{ g}$$

Margens de erro são os valores que estão depois do sinal ±; daí o costume de se fornecer a estimativa do parâmetro e um valor, seguido da expressão "para mais ou para menos".

Quanto maior for a amostra, menor será a margem de erro, mas o fato de o intervalo de confiança ficar menor não significa que *contenha o parâmetro*. Conter o parâmetro é apenas uma probabilidade.

10.3 Como calcular o intervalo de confiança para a média

10.3.1 Quando o desvio padrão populacional é conhecido

Vamos voltar ao exemplo das barras de chocolate. O teor mínimo de cacau estipulado pela Agência Nacional de Vigilância Sanitária (Anvisa)[1] para chocolate ao leite é 25%. Nas embalagens de determinada marca de barras de chocolate ao leite de 100 g consta a informação de que a quantidade de cacau nas barras é 30 g. Mas foi levantada uma dúvida sobre essa informação. A empresa resolve, então, chamar um perito externo para um teste. O que pode ser feito?

É claro que o perito precisa de uma amostra das barras de chocolate ao leite de 100 g fabricadas pela empresa. Digamos que ele tomou uma amostra ao acaso de $n = 25$ barras e levou o material para laboratório. Obteve, assim, a quantidade de cacau em cada barra. Calculou a média e agora quer estabelecer um intervalo de confiança para essa média. Como isso pode ser feito?

Vamos imaginar que o perito considerou válida a informação dada pelo serviço de controle de qualidade da empresa de que a quantidade de cacau nas barras de chocolate de 100 g tem desvio padrão de $\sigma = 2$ g.

Para obter o intervalo de confiança, é preciso:

- 1º passo: tomar uma amostra de n unidades da população e nelas medir a variável de interesse, o que foi feito.
- 2º passo: calcular a média, o que foi feito.
- 3º passo: decidir o grau de confiança para o intervalo. São mais comuns intervalos com 90%, ou 95%, ou 99% de confiança[2].
- 4º passo: achar o valor de z na tabela de distribuição normal, que pode ser encontrada na internet. Mas veja a Tabela 10.1, que mostra os valores de z (a abscissa da curva de Gauss) para os níveis de 90%, 95% e 99% de confiança.

Tabela 10.1 Valores de *z* para os níveis de confiança de 90%, 95% e 99%

	Nível de confiança		
	90%	95%	99%
z	1,645	1,960	2,575

- 5º passo: calcular:

$$\bar{x} \pm z \frac{\sigma}{\sqrt{n}}$$

1 Disponível em: <http://www.anvisa.gov.br/anvisalegis/resol/12_78_chocolate.htm>.
2 Em algumas situações, adota-se o valor z =2 para obter o intervalo de 95% de confiança.

em que:

- $\bar{x}$ é a média da amostra;
- z é o valor obtido da distribuição normal;
- σ é o desvio padrão conhecido da população;
- n é o tamanho da amostra.

O valor depois do sinal ± é chamado *margem de erro*. Portanto, margem de erro é metade do intervalo de confiança, com sinal positivo ou negativo.

EXEMPLO 10.4

Intervalo de confiança, σ conhecido

Vamos ao exemplo das barras de chocolate. Para obter o intervalo de confiança:

1º passo: o perito tomou uma amostra de $n = 25$ barras de chocolate e nelas obteve as quantidades de cacau.

2º passo: calculou a média. Foi obtido $\bar{x} = 29,1$ g. Como o desvio padrão populacional é $\sigma = 2$ g, calculou o erro padrão da média

$$\sigma_{\bar{x}} = \frac{\sigma}{\sqrt{n}} = \frac{2}{\sqrt{25}} = 0,4.$$

3º passo: escolheu o nível de 95% de confiança para calcular o intervalo.

4º passo: achou o valor de $z = 1,96$ na tabela de distribuição normal.

5º passo: calculou:

$$\bar{x} \pm z\frac{\sigma}{\sqrt{n}}$$

$$29,1 \pm 1,96 \times 0,4$$

$$29,1 \pm 0,784$$

O intervalo de 95% de confiança pode ser escrito assim:

$$28,3 \text{ g} < \mu < 29,9 \text{ g}$$

O intervalo de 95% de confiança calculado mostra que, nas barras de chocolate da marca em estudo, a quantidade de cacau está aquém da quantidade de cacau que consta nas embalagens, que é 30 g. O perito tem confiança nessa conclusão porque a chance de estar errado é 1 em 20.

10.3.2 Quando o desvio padrão populacional é desconhecido

Em geral, não conhecemos o desvio padrão de uma população. Podemos, no entanto, estimar o desvio padrão pela fórmula

$$s = \sqrt{\frac{\sum(x - \bar{x})^2}{n-1}}$$

Quando a amostra tem mais de 30 unidades ($n > 30$), o desvio padrão da amostra pode ser tomado como aproximação[3] de σ. Nesse caso, adota-se o procedimento descrito na seção anterior. Quando a amostra é pequena, ou seja, $n < 30$, deve ser usado, em vez do valor z obtido da distribuição normal, o valor t, obtido da distribuição de Student[4].

Para obter o intervalo de confiança:

- 1º passo: tomar uma amostra de n unidades da população e nelas medir a variável de interesse.
- 2º passo: calcular a média e o erro padrão da média.
- 3º passo: decidir o grau de confiança para o intervalo. São mais comuns intervalos com 90%, ou 95%, ou 99% de confiança.
- 4º passo: achar o valor de t na tabela de distribuição t de Student, que tem na internet[5]. A reprodução parcial apresentada na Tabela 10.2 mostra como se acha o valor de t. É preciso lembrar que uma amostra de tamanho n está associada a n-1 graus de liberdade. Esses graus de liberdade se referem à estimativa do desvio padrão. Por exemplo, se a amostra é composta por $n = 25$ pessoas, o desvio padrão tem n-1 = 24 *graus de liberdade*. Na Tabela 10.2, os *graus de liberdade* estão na primeira coluna e o *nível de confiança na* primeira linha. É comum indicar o nível de confiança por $1 - \alpha$. Se $n - 1 = 24$ e $(1 - \alpha) = 0{,}99$, então $t = 2{,}797$.

Tabela 10.2 Valores de *t* para graus de liberdade entre 19 e 29 e os níveis de confiança mais comuns na prática

Graus de liberdade	Nível de confiança		
	0,90	0,95	0,99
19	1,729	2,093	2,861
20	1,725	2,086	2,845
21	1,721	2,08	2,831
22	1,717	2,074	2,819
23	1,714	2,069	2,807
24	1,711	2,064	2,797
25	1,708	2,06	2,787
26	1,706	2,056	2,779
27	1,703	2,052	2,771
28	1,701	2,048	2,763
29	1,699	2,045	2,756

3 Só adote esse procedimento se a variável for, reconhecidamente, de pouca variabilidade.

4 Hoje, os cálculos estatísticos são feitos em computador, com programas específicos. Mas para aprender estatística é preciso fazer cálculos à mão e aprender a lógica dos cálculos, vendo as tabelas usadas há algumas décadas.

5 Veja a tabela em Values of the t-distribution. Disponível em: <https://www.medcalc.org/manual/t-distribution.php>. Acesso em: 14 ago. 2017.

- 5º passo: calcular:

$$\bar{x} \pm t_{(n-1);(1-\alpha)} \frac{s}{\sqrt{n}}$$

em que:

- $\bar{x}$ é a média da amostra;
- $t_{(n-1);(1-\alpha)}$ é o valor obtido da distribuição t, associado a $n - 1$ graus de liberdade, com nível de confiança $(1 - \alpha)$;
- s é o desvio padrão da amostra;
- n é o tamanho da amostra.

EXEMPLO 10.5

Intervalo de confiança, σ desconhecido

Uma enfermeira quer estabelecer um intervalo de confiança para a média de peso ao nascer de bebês de sexo masculino filhos de mães muito jovens. Como isso pode ser feito?

1º passo: tomar uma amostra de bebês de sexo masculino filhos de mães muito jovens e obter os pesos ao nascer. Foram amostrados $n = 28$ bebês.

2º passo: calcular a média e o desvio padrão da amostra. Foi obtido $\bar{x} = 2{,}750$ kg, $s = 0{,}415$ kg.

3º passo: decidir o grau de confiança para o intervalo. Foi escolhido obter um intervalo de 90% de confiança.

4º passo: achar o valor de t na tabela de distribuição t. A tabela pode ser encontrada na internet, mas veja a Tabela 10.2. Para $n = 28$, são 27 os graus de liberdade. Ao nível de 90%, o valor é $t = 1{,}703$.

O intervalo de 90% de confiança para a média de bebês de sexo masculino filhos de mães muito jovens foi assim calculado:

$$2{,}750 \pm 1{,}703 \times \frac{0{,}415}{\sqrt{28}}$$

$$2{,}750 \pm 0{,}134$$

$$2{,}616 < \mu < 2{,}884$$

10.4 Outras maneiras de estabelecer intervalos

Em alguns artigos são fornecidos intervalos como:

$$\bar{x} \pm s = 19{,}3 \pm 2{,}1$$

Esse intervalo refere-se aos *dados, porque na fórmula está o desvio padrão, que mede a variabilidade dos dados*, mas não é um intervalo de confiança. Se a amostra for suficientemente grande para que se possa admitir que a média e o desvio padrão da amostra são boas estimativas dos parâmetros μ e σ, é razoável considerar, como vimos no Capítulo 9, que ⅔ dos dados estão no intervalo

$$\bar{x} \pm s$$

Ainda, é comum apresentar o resultado do trabalho na forma:

$$\bar{x} \pm 2 \times s_{\bar{x}}$$

Desde que a amostra seja suficientemente grande – mais de 100 – essa expressão pode ser vista como um intervalo de 95% de confiança para o parâmetro μ – a *média da população* – porque você está usando na fórmula do *erro padrão da média* e 2 é o valor (aproximado) de t para grandes amostras. Mas isso não é verdade no caso das pequenas amostras – de tamanho 6 ou 10 unidades.

10.5 Cuidados na interpretação dos intervalos de confiança

A interpretação do intervalo de confiança exige cuidados. Na prática, o pesquisador dispõe de uma única amostra que fornece uma só estimativa de determinado parâmetro. Ele calcula então um intervalo de 95% de confiança, mas *não sabe* se o parâmetro está, ou não, contido no intervalo que calculou. Sabe-se, apenas, que intervalos de confiança calculados da mesma forma têm 95% de probabilidade de conter o parâmetro. Conter o parâmetro é apenas uma probabilidade.

EXERCÍCIOS

1. Um professor obteve dados de idade de uma amostra de 61 alunos matriculados na universidade. A média de idade foi de 23,5 anos e o desvio padrão foi 3. Ache o intervalo de 99% de confiança para a média ($t_{(60;\,0,99)} = 2{,}66$).
2. O limite inferior de um intervalo de confiança para a média de peso ao nascer pode ser negativo? Pode ser igual a 0?
3. A pressão arterial sistólica medida em uma amostra de 100 militares apresentou média igual a 125 mm Hg e desvio padrão igual a 9 mm Hg. Calcule o erro padrão da média e ache o intervalo de 95% para a média populacional. Considere $t = 2$.
4. A pressão arterial sistólica medida em uma amostra de nove militares apresentou média igual a 125 mm Hg e desvio padrão é 9 mm Hg. Calcule o erro padrão da média e ache o intervalo de 95% para a média populacional.
5. Compare os intervalos de confiança obtidos nos exercícios 3 e 4.
6. Assinale a alternativa correta. Um intervalo de 95% de confiança para a média tem a seguinte interpretação:
   a) Se forem tomadas repetidamente muitas amostras e calculados seus intervalos de confiança, 95% deles devem conter a média.
   b) 95% da população estão dentro do intervalo de 95% de confiança.

7. A afirmativa "Intervalos de confiança só podem ser calculados para a média" é:

a) Verdadeira

b) Falsa

8. Seja X a variável aleatória que representa a pressão arterial sistólica de indivíduos com idade entre 20 e 25 anos. Essa variável tem distribuição aproximadamente normal. Suponha que, com base em uma amostra de 100 indivíduos, foi obtida a média de 123 milímetros de mercúrio e o desvio padrão de 8 milímetros de mercúrio. Determine o intervalo de 90% de confiança para a média, tomando $t_{(99;\,0,90)} = 1,66$.

9. Seja X a variável aleatória que representa o comprimento ao nascer de filhos do sexo masculino, de mães sadias com período completo de gestação. Com base em 16 recém-nascidos masculinos, uma enfermeira calculou a média e o desvio padrão, que resultaram em 50,0 cm e 2,4 cm, respectivamente. Calcule o intervalo de 90% de confiança para μ, pressupondo distribuição aproximadamente normal $t_{(15;\,0,90)} = 1,753$.

10. Seja X uma variável aleatória com distribuição normal. Com base em uma amostra de tamanho 16, foi obtido $s = 4,84$. Na distribuição t de Student, $t_{(15;\,0,95)} = 2,131$. Calcule as margens de erro de um intervalo de 95% de confiança para a média.

11. Uma amostra aleatória de tamanho 256 é extraída de uma população normalmente distribuída e considerada de tamanho infinito[6]. Considerando que o desvio padrão populacional é igual a 100, determinou-se, com base na amostra, um intervalo de confiança de 86% igual a [890,75; 909,25]. Posteriormente, uma nova amostra de tamanho 400, independente da primeira, é extraída dessa população, encontrando-se uma média amostral igual a 905,00. O novo intervalo de confiança de 86% é igual a:

a) [897,60; 912,40]

b) [899,08; 910,92]

c) [901,30; 908,70]

d) [903,15; 906,85]

e) [903,30; 906,70]

12. Seja X uma variável aleatória com distribuição normal de média μ e variância $s^2 = 9$. Uma amostra aleatória de quatro elementos forneceu os dados: $\{x: 1,2; 3,4; 0,6; 5,6\}$. Estimou-se o intervalo de $1 - \alpha$ de confiança para a média em [–0,24; 5,64]. Da mesma população, obteve-se uma amostra 100 vezes maior que a anterior e verificou-se que, para essa nova amostra, a estimativa da média amostral era igual à obtida com a primeira amostra[7]. Com o mesmo grau de confiança $1 - \alpha$, o intervalo de confiança para a nova amostra é:

a) [2,406;2,938]

b) [2,406;2,994]

c) [2,435;2,965]

d) [2,462;2,938]

e) [2,462;2,965]

---

6 Analista do Conselho Nacional do Ministério Público - Estatística. 2015. Disponível em: <https://www.qconcursos.com/questoes-de-concursos/disciplinas/estatistica-estatistica/inferencia-estatistica/intervalos-de-confianca>. Acesso em: 22 ago. 2014.

7 Analista do Banco Central, 2010. Disponível em: <https://www.aprovaconcursos.com.br/questoes-de-concurso/questoes/disciplina/Estat%25C3%25ADstica/assunto/1.9.+Intervalo+de+confian%25C3%25A7a>. Acesso em: 22 ago. 2017.

Teste qui-quadrado

As decisões são tomadas com base nas informações disponíveis. Essas informações, mesmo que objetivas, são, na maioria das vezes, incompletas. Mas é delas que você dispõe para decidir entre fazer ou não fazer, comprar ou não comprar, ir ou não ir. Essa ideia – de que as decisões são fundamentadas em poucas informações – fica bem entendida com este exemplo: imagine que um réu está sendo chamado em juízo para responder por um crime[1]. Que hipóteses têm os jurados?

- O réu é culpado, pois assim julgam os que o levaram a juízo.
- O réu é inocente, pois esta é uma pressuposição do sistema judiciário.

1 ROGERS, T. Type I and type II errors – Making Mistakes in the justice system. Disponível em: <http://intuitor.com/statistics/T1T2Errors.html>. Acesso em: 28 jun. 2017.

Para tomar decisão sobre uma das hipóteses, é preciso fazer uma análise de provas, relatos de testemunhas, laudos periciais etc. Quais são as decisões possíveis?

- Considerar o réu culpado.
- Considerar o réu inocente.

A decisão tomada - qualquer que seja ela - pode estar errada porque quem julga conhece apenas *parte* dos fatos, ou seja, faz uma *inferência* a partir do que lhe foi apresentado.

- *Inferência* é o processo racional e lógico de estabelecer conclusão com base nas informações de que se dispõe.

Quais são os erros possíveis quando se julga um réu?

- Dizer que o réu é culpado, quando é inocente.
- Dizer que o réu é inocente, quando é culpado.

Como ter absoluta certeza é raro, é preciso haver um padrão que oriente a inferência. Considera-se, então, necessário diminuir a possibilidade de condenar um inocente. Examinadas todas as provas apresentadas, o julgador deve estar plenamente convencido, ou seja, não ter "dúvida razoável" de que o réu seja culpado. Dessa maneira, fica minimizado o erro de condenar um inocente. Em direito, está estabelecido: "na dúvida, a favor do réu".

Agora você pode estar se perguntando: Por que esta discussão em um livro de estatística? O sistema judiciário não usa números, enquanto os testes estatísticos são feitos partindo de dados numéricos. No entanto, existe similaridade na maneira de tomar decisões: ambos partem de hipóteses, analisam as informações disponíveis que não são completas e tomam decisões que estão sujeitas a erros[2]. Vamos ver esse procedimento à luz da estatística.

11.1 Teste de hipóteses

Os cientistas estabelecem conclusões para toda a população, tendo estudado apenas parte dessa população - a amostra. Isso está certo? Não há como ser diferente. Então, em ciência, se faz inferência estatística. Lembre-se:

- *Inferência estatística* é o processo de tirar conclusões sobre uma população com base em amostras coletadas dessa população.

2 A mente humana é mais afetiva do que quantitativa. Daniel Kahneman, Prêmio Nobel, descreveu como o viés da emoção (afeto) interfere em nossa percepção da realidade. CORREIA, L. *A verdadeira magnitude do efeito de um tratamento*. Disponível em: <http://medicinabaseadaemevidencias.blogspot.com.br/2017/04/por-que-os-resultados-da-maioria-dos.html?m=1>.

Para entender como isso é feito, é preciso considerar que toda pesquisa tem como objetivo promover o avanço do conhecimento. O pesquisador busca novas informações, novas evidências, alternativas ao conhecimento estabelecido. Por exemplo, o pesquisador identifica uma nova maneira de tratar determinada doença. Levanta, então, uma *hipótese*: a nova maneira de tratar a doença traz mais benefício do que o conseguido com a maneira tradicional de tratá-la.

Em ciência não basta, porém, levantar hipóteses: é preciso apresentar dados que a corroborem. Sempre existe outra hipótese, que contradiz a hipótese feita pelo pesquisador. No exemplo, essa hipótese seria a de que a nova maneira de tratar a doença não traz mais benefício do que maneira tradicional de tratá-la. Veja bem: há sempre uma *hipótese de nulidade*, que se contrapõe à *alternativa* proposta pelo pesquisador.

Para avaliar se a hipótese alternativa está além de qualquer "dúvida razoável", o pesquisador precisa apresentar dados. A coleta de dados exige planejamento e monitoração rigorosos. Terminada essa fase do trabalho, o pesquisador faz uma análise para verificar se a hipótese que propôs encontra ou não respaldo nos dados que tem em mãos. Faz, então, inferência e tira conclusões. Veja o esquema da Figura 11.1.

Vamos discutir o esquema. Um componente importante do pensamento científico é a criação da ideia, da proposta, porque é a partir delas que se estabelecem as hipóteses. Mas a hipótese alternativa precisa ser plausível, baseada em conhecimento do problema. Afinal, de todas as hipóteses criadas no universo científico, apenas 10% são confirmadas como verdadeiras[3].

Figura 11.1 Esquema de inferência estatística

3 CORREIA, L. *A verdadeira magnitude do efeito de um tratamento*. Disponível em: <http://medicinabaseadaemevidencias.blogspot.com.br/2017/04/por-que-os-resultados-da-maioria-dos.html?m=1>.

A coleta de dados exige treinamento e uso de metodologia adequada[4]. Mas, se o pesquisador chegou até aqui, como analisa os dados? Por meio de testes estatísticos. Primeiro, estabelece as hipóteses. Indica a hipótese da nulidade por H_0 e a hipótese alternativa por H_1.

EXEMPLO 11.1

Hipóteses

Um pesquisador propõe uma nova maneira de tratar determinada doença. São duas as hipóteses:

- H_0: a nova maneira de tratar a doença *não* traz mais benefício do que maneira tradicional de tratá-la.
- H_1: a nova maneira de tratar a doença *traz* mais benefício do que o conseguido com a maneira tradicional de tratá-la.

Depois, é preciso escolher o teste estatístico apropriado, executar os cálculos e fazer a inferência estatística. Os pesquisadores fazem inferência estatística, ou seja, *generalizam os achados* da amostra com a qual trabalharam para a população de onde essas amostras foram retiradas. Quais são os erros possíveis? Em estatística, definem-se:

- Erro tipo I: rejeitar a hipótese da nulidade quando esta hipótese é verdadeira
- Erro tipo II: não rejeitar a hipótese da nulidade quando esta hipótese é falsa.

Tabela 11.1 Erro tipo I e erro tipo II

Conclusão	Estado da natureza	
	H_0 é verdadeira	H_0 é falsa
Aceita H_0	Correto	Erro Tipo II
Rejeita H_0	Erro tipo I	Correto

EXEMPLO 11.2

Erro tipo I e erro tipo II

Veja o Exemplo 11.1: um pesquisador propõe uma nova maneira de tratar determinada doença. Nesse caso:

Tabela 11.2 Possíveis erros do pesquisador

Conclusão	Estado da natureza	
	"nova" é igual à tradicional	"nova" é melhor que tradicional
Aceita H_0	Correto	Erro tipo II
Rejeita H_0	Erro tipo I	Correto

4 Veja: VIEIRA, S.; HOSSNE, W. S. *Metodologia científica para a área de saúde*. 3. ed. Rio de Janeiro: Elsevier. VIEIRA, S. *Como elaborar um questionário*. São Paulo: Atlas.

- **Erro tipo I:** rejeitar H_0 quando verdadeira, isto é, dizer que a "nova" **é melhor** que a "tradicional", se isso não for verdade.
- **Erro tipo II:** aceitar H_0 quando falsa, isto é, dizer que a "nova" **é igual** à tradicional, quando isso for falsa.

A necessidade de o pesquisador aplicar um teste estatístico para fazer inferência se explica por duas razões: a primeira é o fato de o teste estatístico ser um *critério objetivo* de tomada de decisão. O pesquisador não olha seus resultados e "acha" isso ou aquilo. Faz o teste.

A segunda razão – e a mais conhecida – é o fato de o teste estatístico fornecer a probabilidade de erro tipo I (rejeitar H_0 quando H_0 é verdadeira). Veja bem: o teste estatístico *não* elimina a probabilidade de erro, mas fornece a probabilidade do erro de rejeitar a hipótese da nulidade, quando essa hipótese é verdadeira. Essa probabilidade é chamada de *p*-valor.

- O *p*-valor diz *quão provável seria obter uma amostra tal qual a que foi obtida*, quando a hipótese da nulidade é verdadeira.

Os pesquisadores se sentem seguros para rejeitar a hipótese da nulidade (assumir que existe a diferença procurada) quando o *p*-valor é pequeno. Eles sabem que seria muito pouco provável (a probabilidade é dada pelo *p*-valor) chegar ao resultado que obtiveram, se a diferença não existisse. Mas quem rejeita a hipótese da nulidade não tem certeza (100% de confiança) de que a decisão tomada está correta. Sabe, apenas, que a probabilidade de estar errado nessa decisão é pequena (é o *p*-valor).

Por convenção, se o *p*-valor for menor do que 0,05 ($p < 0{,}05$), concluí-se que a hipótese da nulidade deve ser rejeitada. É comum dizer, nos casos em que $p < 0{,}05$, que os resultados são estatisticamente significantes. Mas também são usados $p < 0{,}10$ e $p < 0{,}01$.

Calcular o *p*-valor é extremamente difícil. Isso só é feito usando programas de computador. Mas quando não havia computadores (até meados do século XX) usavam-se tabelas de distribuições estatísticas para decidir rejeitar ou não H_0. Veremos na seção 11.3 essa alternativa para o cálculo do *p*-valor.

11.2 Testes paramétricos e testes não paramétricos

Os testes estatísticos podem ser paramétricos ou não paramétricos. A diferença entre eles começa nas hipóteses. Como diz o nome, *testes paramétricos testam parâmetros*. Por exemplo, para comparar peso ao nascer de meninos e meninas, você vai optar por um teste paramétrico. Você pensaria assim: será que, *em média*, meninos e meninas nascem com mesmo peso?

Média é um parâmetro. Então você comporia as hipóteses desta forma:

$$H_0: \mu_M = \mu_F$$
$$H_1: \mu_M \neq \mu_F$$

Por outro lado, *testes não paramétricos não comparam parâmetros*. Por exemplo, se você quiser saber se a preferência por gatos ou cães está associada a gênero, deve optar por um teste não paramétrico.

As hipóteses seriam formuladas desta forma:

- **H_0:** a preferência por cão ou gato não depende do gênero.
- **H_1:** a preferência por cão ou gato depende do gênero.

Ainda, testes paramétricos exigem, para sua aplicação, que a variável em análise seja *numérica*[5] como são, por exemplo, as medidas de comprimento, peso, pressão, quantidades em geral. Testes não paramétricos *não* exigem que a variável em análise seja numérica[6]. Então você pode comparar hábitos de pessoas que vivem em grandes centros com os de pessoas que moram em pequenas cidades, preferências de eleitores neste ou naquele candidato, intensidade da dor antes e depois do analgésico etc.

11.3 Testando a independência de variáveis

11.3.1 Levantamento de dados

O pesquisador muitas vezes levanta dados de duas variáveis simultaneamente. É o caso, por exemplo, dos estudos sobre câncer no pulmão e tabagismo. O médico examina pessoas para saber se elas têm ou não determinada doença, como câncer no pulmão (a primeira variável). Pergunta, então, se elas foram ou não expostas a um fator que se presume de risco, como o tabagismo (a segunda variável).

Outras vezes, o pesquisador examina grupos diferentes (tomates de diferentes procedências), para determinar quantas unidades de cada grupo apresentam ou não nível de contaminação por agrotóxico acima do estabelecido por lei. Em engenharia de produção, por exemplo, interessa comparar o número de itens não conformes (uma variável) produzidos em cada máquina (outra variável).

11.3.2 Tabelas de contingência

- *Tabela de contingência* é uma tabela com dupla entrada, na qual são apresentados dados de duas variáveis categorizadas provenientes de uma única população.

---

5 Veja, por exemplo: VIEIRA, S. *Introdução à bioestatística*. 5. ed. Rio de Janeiro: Elsevier, 2016.

6 Veja, por exemplo: VIEIRA, S. *Bioestatística: tópicos avançados*. 3. ed. Rio de Janeiro: Elsevier, 2010.

EXEMPLO 11.3

Tabela de contingência

Alguém explica que o hábito de fumar é mais comum entre homens do que entre mulheres, mas surgem controvérsias: alguns acham que as mulheres fumam mais do que os homens. Um pesquisador então propôs fazer um levantamento de dados: entrevistou 1.091 pessoas residentes em uma área metropolitana da região Sul do Brasil. Cada pessoa foi classificada segundo duas variáveis dicotômicas: sexo (homem ou mulher) e tabagismo (tabagista ou não). Na amostra, havia 600 homens, dos quais 177 disseram ser tabagistas e 491 mulheres, das quais 204 disseram ser tabagistas. Esses dados estão apresentados na Tabela 11.3, uma *tabela de contingência* porque apresenta uma distribuição de frequências segundo duas variáveis categorizadas, tabagismo e sexo.

Tabela 11.3 Tabagismo, segundo o sexo

Sexo	Tabagismo		Total
	Não	Sim	
Homens	423	177	600
Mulheres	287	204	491
Total	710	381	1091

Fonte: Moreira, L. Prevalência de tabagismo e fatores associados em área metropolitana da região Sul do Brasil. *Rev. Saúde Pública*, São Paulo, n. 29, v. 1, 1995

As pesquisas são feitas com o objetivo de testar hipóteses. No caso de tabelas de contingência, a ideia é testar a hipótese de independência de variáveis.

11.4 Teste χ^2 para a independência de duas variáveis dicotômicas

O teste χ^2 (lê-se qui-quadrado), que veremos aqui, é o mais simples e mais conhecido dos testes estatísticos. Vamos ver a aplicação desse teste apenas às tabelas 2×2, isto é, aquelas que apresentam duas variáveis nominais, cada uma com duas categorias (ou dicotômicas).

Para proceder ao teste, é necessário que estejam satisfeitas as seguintes condições:

- Os dados devem estar apresentados em tabelas de contingência.
- As variáveis em estudo devem ser, obrigatoriamente, categorizadas.
- A amostra deve ter sido obtida por processo aleatório.
- A população deve ter, no mínimo, dez vezes o tamanho da amostra.

O teste exige alguns passos. Primeiro, é preciso formular as *hipóteses.*

- **H_0:** as variáveis são independentes.
- **H_1:** as variáveis estão associadas.

Formuladas as hipóteses, é preciso estabelecer o valor que se aceita para a probabilidade de cometer erro tipo I. Veja bem: o teste é feito para rejeitar, ou não rejeitar, a hipótese de independência. Se você rejeitar essa hipótese, isto é, disser que as variáveis estão associadas, pode estar cometendo um erro. Com que probabilidade você admite cometer esse erro?

▸ *Nível de significância* é a probabilidade de cometer erro tipo I, fixada antes de proceder ao teste.

É comum fixar o nível de significância em 0,01, ou 0,05, ou 0,10. Se você rejeitar H_0 ao nível de 0,05, pode escrever, "existe associação significante entre as variáveis ao nível de 5%".

Agora, é preciso calcular a estatística de teste. Estamos estudando o teste χ^2 para tabelas de contingência 2 × 2. Cada variável tem 1 grau de liberdade. Logo, a tabela 2 × 2 tem 1 × 1 = 1 grau de liberdade.

Veja a Tabela 11.4, que apresenta duas variáveis: X e Y. A variável X tem duas categorias, X_1 e X_2; a variável Y tem também duas categorias: Y_1 e Y_2.

Tabela 11.4 Valores literais em uma tabela 2 × 2

Variável X	Variável Y		Total
	Y_1	Y_2	
X_1	a	b	$a+b$
X_2	c	d	$c+d$
Total	$a+c$	$b+d$	n

A estatística de teste é:

$$\chi^2 = \frac{(ad-bc)^2 \times n}{(a+b)(c+d)(a+c)(b+d)}$$

EXEMPLO 11.4

Calculando o valor de qui-quadrado

A fórmula para obter o valor qui-quadrado, obedecendo as letras apresentadas na Tabela 11.4, é:

$$\chi^2 = \frac{(ad-bc)^2 \times n}{(a+b)(c+d)(a+c)(b+d)}$$

Com os dados da Tabela 11.3, reapresentados na Tabela 11.5, podemos testar:

- H_0: tabagismo independe do sexo.
- H_1: tabagismo está associado ao sexo.

Vamos estabelecer o nível de significância de 0,05.

Tabela 11.5 Tabagismo, segundo o sexo

Sexo	Tabagismo		Total
	Não	Sim	
Homens	$a = 423$	$b = 177$	$a + b = 600$
Mulheres	$c = 287$	$d = 204$	$c + d = 491$
Total	$a + c = 710$	$b + d = 381$	$n = 1091$

Fonte: Moreira, L. et al. Prevalência de tabagismo e fatores associados em área metropolitana da região Sul do Brasil. *Rev. Saúde Pública*, São Paulo, v. 29, n. 1995.

Aplicando a fórmula:

$$\chi^2 = \frac{(423 \times 204 - 177 \times 287)^2 \times 1091}{(600)(491)(710)(381)}$$

$$\chi^2 = \frac{(423 \times 204 - 177 \times 287)^2 \times 1091}{(600)(491)(710)(381)}$$

$$\chi^2 = \frac{(35493)^2 \times 1091}{79692246000} = 17,25$$

Agora, você está pensando: tenho as hipóteses, o nível de significância e o valor calculado de χ^2. Qual é a conclusão? É fácil: *se* o valor calculado de χ^2 for maior do que o valor crítico de χ^2 com 1 grau de liberdade e para o nível de significância estabelecido, rejeite a hipótese de independência. Você acha os valores críticos da distribuição de χ^2 na internet[7].

Para aprender a achar o valor crítico de χ^2, observe a Tabela 11.6, que reproduz parte da tabela de χ^2. Está destacado em negrito o valor de χ^2 com 1 grau de liberdade, ao nível de significância de 5%.

7 *Values of the chi-square distribution tables*. Disponível em: <https://www.medcalc.org/manual/chi-square--table.php>. Acesso em: 23 ago. 2017.

Tabela 11.6 Tabela (parcial) de χ^2 segundo os graus de liberdade e o valor do nível de significância

Graus de liberdade	Nível de significância 0,10	0,05	0,01
1	2,71	**3,84**	6,64
2	4,6	5,99	9,21
3	6,25	7,82	11,34
4	7,78	9,49	13,28
5	9,24	11,07	15,09
.			.
.			.
.			

EXEMPLO 11.5

Estabelecendo a conclusão

Reveja o Exemplo 11.4. O valor calculado de χ^2 = 17,25 é maior do que o valor 3,84 dado na tabela de χ^2 com 1 grau de liberdade e ao nível de 0,05 de significância. Existe associação significante entre sexo e hábito de fumar, ao nível de 0,05.

Para determinar em que sexo o tabagismo é maior, veja a Tabela 11.7, que apresenta as proporções obtidas nesse estudo.

Tabela 11.7 Proporções obtidas: tabagismo segundo o sexo

	Tabagismo		Total
Sexo	Não	Sim	
Homens	0,39	0,16	0,55
Mulheres	0,26	0,19	0,45
Total	0,65	0,35	1,00

É fácil ver que o tabagismo é maior entre mulheres.

É mais correto calcular a estatística de teste com *correção de continuidade*. Fazendo essa correção[8], a estatística de teste que indicaremos por χ^2_c fica como segue:

$$\chi_c^2 = \frac{\left(|ad - bc| - \frac{1}{2}n\right)^2 n}{(a+b)(c+d)(a+c)(b+d)}$$

8 Alguns programas de computador dão o valor de c^2 com e sem correção de continuidade. É preciso optar por um deles.

A correção de continuidade reduz o valor de χ^2 porque, subtraindo $\frac{1}{2}n$ da diferença que é elevada ao quadrado, o numerador diminui[9]. O efeito da correção de continuidade sobre o valor de χ^2 é maior quando a amostra é grande. Veja o cálculo para os dados apresentados na Tabela 11.2.

$$\chi_c^2 = \frac{\left(|423\times204-287\times381|-\frac{1}{2}1091\right)^2\times1091}{600\times491\times710\times381}=16,72$$

Preste, portanto, muita atenção: você aplica o teste χ^2 para testar a independência de duas variáveis a determinado conjunto de dados; se, sem a correção de continuidade, o resultado for significante e com a correção, for não significante, fique com esta conclusão: de que as variáveis são independentes.

11.5 Medidas de associação nas tabelas 2 x 2

Os pesquisadores em geral consideram que terminaram a análise estatística quando terminam de aplicar o teste de χ^2. Não deveriam, porque é importante estimar o *grau de associação* entre as variáveis. Afinal de contas, o teste de χ^2 serve para verificar a *significância* da associação, mas não serve para medir o *grau* da associação entre duas variáveis.

Por que isso acontece? É simples: a significância de todo teste estatístico depende muito do *tamanho da amostra.* Com o teste de χ^2 não acontece diferente: a significância depende não só das diferenças entre as proporções, mas também do *tamanho da amostra.* O grau de associação, no entanto, independe do tamanho da amostra: é função das proporções observadas. Veja a seguir como se mede o grau de associação entre duas variáveis no caso de uma tabela 2 × 2.

11.5.1 Coeficiente φ

O coeficiente φ (letra grega, que se lê fi) é uma medida da associação bastante conhecida e muito usada pelos pesquisadores das áreas de psicologia e sociologia. É definido por:

$$\varphi = \frac{ad-bc}{\sqrt{(a+b)(c+d)(a+c)(+d)}}$$

As letras estão definidas na Tabela 11.2. Você interpreta o resultado do coeficiente ϕ da seguinte forma:

9 Nem sempre se faz a correção de continuidade, embora seja teoricamente recomendada. De qualquer forma, o uso da correção diminui a probabilidade de encontrar valor significante.

- $-1{,}0 \le \varphi \le -0{,}7$: associação negativa forte.
- $-0{,}7 \le \varphi \le -0{,}3$: associação negativa fraca.
- $-0{,}3 \le \varphi \le +0{,}3$: pouca ou nenhuma associação.
- $+0{,}3 \le \varphi \le +0{,}7$: associação positiva fraca.
- $+0{,}7 \le \varphi \le +1.0$: associação positiva forte.

Saiba que $\varphi = \pm 1$ só acontece quando as amostras são do mesmo tamanho. Nesses casos, a associação é perfeita. Se for igual a zero, a associação é nula. Ainda, note que duas variáveis dicotômicas são consideradas positivamente associadas se a maioria dos dados cair ao longo da diagonal principal (ou seja, *a* e *d* são maiores que *b* e *c*). Em contraste, duas variáveis binárias são consideradas negativamente associadas se a maioria dos dados cair fora dessa diagonal.

Para os dados apresentados na Tabela 11.3, o valor do coeficiente de associação é:

$$\varphi = \frac{423 \times 204 - 177 \times 287}{\sqrt{600 \times 491 \times 710 \times 381}} = 0{,}126$$

ou seja, embora o teste de χ^2 tenha mostrado que a associação entre sexo e tabagismo é significante, o coeficiente φ revelou que o grau de associação é muito pequeno.

Você pode usar um programa de computador para fazer os cálculos. Note, porém, que alguns programas calculam o valor de φ^2 (*phi-square*) – e não o valor de φ.

EXERCÍCIOS

1. Das 300 pessoas que chegavam de um voo a um grande aeroporto[10], 81 admitiram ter medo de voar. Das 200 pessoas que embarcavam em outro voo, no mesmo dia e mesma hora, 32 admitiram também ter medo. Obtenha os dados e faça um teste de χ^2 com os dados da Tabela 11.8.

Tabela 11.8 Proporções dos passageiros entrevistados segundo a situação de chegada ou partida e o medo de voar

Passageiros	Medo		Total
	Sim	Não	
Chegavam	0,162	0,438	0,6
Partiam	0,064	0,336	0,4
Total	0,226	0,774	1

10 FREUND, J.BE.; SMITH, R.V.M. *Statistics: a first course*. 4. ed. Englewood Cliffs: Prentice Hall. 1970. p. 411.

2. Com base nos dados apresentados na Tabela 11.9, você rejeita a hipótese de que a probabilidade de ter gripe é a mesma para pessoas vacinadas e não vacinadas?

Tabela 11.9 Distribuição dos participantes da pesquisa, vacinados contra gripe e que tiverem gripe.

Vacina	Gripe	
	Sim	Não
Sim	11	538
Não	70	464

3. Os traumas faciais ocorrem, predominantemente, em adultos jovens, mas houve um aumento de incidência entre idosos. Os dados[11] apresentados na Tabela 11.10 buscam verificar se existe associação entre sexo e etiologia da fratura (queda e as outras causas, que são agressão e acidentes de trânsito). Faça o teste.

Tabela 11.10 Distribuição dos participantes da pesquisa, segundo o sexo e a etiologia da fratura na face

Etiologia	Sexo		Total
	Mulheres	Homens	
Queda	12	11	23
Outras causas	5	15	20
Total	17	26	43

4. Você quer determinar se o turno da noite difere do turno diurno com relação à fração de itens não conformes no produto final. Depois de uma semana de trabalho, você verifica que o turno da noite produziu 542 itens, dos quais 41 eram não conformes. No mesmo período, o turno diurno produziu 632 itens, dos quais 45 eram não conformes. Qual é a sua conclusão[12]?

5. No mês de julho a fração de não conformes em 1.200 itens produzidos foi 0,030. No mês de agosto, após algumas modificações, a fração de não conformes em 1.000 itens produzidos foi 0,025. Podemos inferir que as mudanças determinaram melhoria no processo[13]?

6. Os dados apresentados na Tabela 11.11 foram obtidos de 1.330 nipo-brasileiros de primeira e segunda geração, de ambos os sexos, com mais de 30 anos residentes na cidade de Bauru, em 2000. Com base no índice de massa corporal, os nipo-brasileiros de primeira e segunda geração foram classificados como tendo ou não sobrepeso e obesidade. Faça o teste de x^2 e dê a interpretação, tendo em vista a amostra estudada.

---

11 CHRCANOVIC, B. R; SOUZA, L. N; FREIRE-MAIA, B. Fraturas de face em idosos: estudo retrospectivo de um ano em hospital público de Belo Horizonte, MG. *Rev. ABO Nac.* v. 16, n. 1, p. 39-44, fev./mar. 2008.

12 DUNCAN, A. J. *Quality control and industrial statistics*. 5. ed. Homewood: Irwin, 1986. p. 628.

13 Ibid.

Tabela 11.11 Distribuição dos nipo-brasileiros com sobrepeso, segundo a geração.

Geração	Sobrepeso	
	Sim	Não
Primeira	82	175
Segunda	525	548

Fonte: Simony, R. F. et al. Prevalência de sobrepeso e obesidade em nipo-brasileiros: comparação entre sexos e gerações. *Rev. Nutr. Campinas*, v. 21, n. 2,. mar./abr. 2008

7. Com base nos dados apresentados na Tabela 11.12, você rejeita a hipótese de que a probabilidade de dormir mais de 8 horas é a mesma para as duas faixas de idade?

Tabela 11.12 Distribuição dos participantes da pesquisa segundo o tempo de sono, em horas, e a faixa de idade

Faixa de idade	Tempo de sono	
	Menos de 8 horas	8 horas ou mais
De 30 a 40 anos	172	78
De 60 a 70 anos	120	130

8. Não se rejeita a hipótese de nulidade se o resultado do teste de qui-quadrado para uma tabela de contingência for igual ao valor tabelado para o nível de significância 0,5%.

a) Certo
b) Errado

9. Nos testes de hipóteses, temos H_0 e H_1 e erro tipo I e erro tipo II. Qual é a resposta correta?

a) Erro tipo I: não rejeitar H_0, quando H_0 é verdadeira.
b) Erro tipo I: não rejeitar H_0, quando H_0 é falsa.
c) Erro tipo I: não rejeitar H_0, independentemente de H_0 ser falsa ou verdadeira.
d) Erro tipo I: rejeitar H_0, quando H_0 é verdadeira.
e) Erro tipo I: rejeitar H_0, quando H_0 é falsa.

10. Perguntou-se aos calouros de uma universidade se eles estariam ou não dispostos a fazer trabalho voluntário, em entidade pública ou em instituição privada sem fins lucrativos, que tivessem atividades relacionadas à profissão que escolheram. As respostas estão na Tabela 11.13. Faça o teste e comente.

Tabela 11.13 Respostas dos calouros de uma universidade sobre trabalho voluntário, segundo o sexo

Sexo	Trabalho voluntário	
	Sim	Não
Masculino	207	282
Feminino	231	242

12

capítulo

Números índices

Quando a saúde da economia do país piora, a preocupação das pessoas com a situação econômica aumenta: "A disparada no preço dos alimentos". "O aumento do salário, abaixo da inflação". Mas notícias positivas, mesmo que não afetem a vida particular das pessoas, também causam comentários: "O aumento do PIB...", "O aumento real do salário...". É, pois, importante ter algum conhecimento sobre os números índices, ou índices, para avaliar a situação econômica do país com mais propriedade. Vamos começar definindo índice.

12.1 Definição de índice

▸ *Índice* (ou número índice) mede a mudança nos valores de uma variável ao longo do tempo.

Para calcular um número índice, é preciso ter os valores da variável em duas datas: a data que serve como base para a comparação, chamada *data base*, e a data que está sendo considerada para comparação, chamada *data corrente*. Você pode estar comparando, por exemplo, seu peso de hoje (data corrente) com seu peso no mesmo mês do ano passado (data base).

Para obter o índice, divida o valor da variável na data corrente (numerador) pelo valor da variável na data base (denominador). O resultado é multiplicado por 100, mas, por convenção, não se usa sinal de percentagem[1].

$$\text{Índice} = \frac{\text{valor da data corrente}}{\text{valor na data base}} \times 100$$

EXEMPLO 12.1

Número índice

O número de inscrições para o vestibular de um curso neste ano foi 360 e, no ano passado, 300. Considere 360 como o *valor na data corrente* e 300 como o *valor na data base.* Fazendo a divisão e multiplicando o resultado por 100, você obtém:

$$\text{Índice} = \frac{360}{300} \times 100 = 120$$

Para entender o significado de número índice, pense assim: na data base, o número índice corresponde, arbitrariamente, a 100. Em outra data, é uma porcentagem do valor da variável na data base. Então:

$300 \rightarrow 100$

$360 \rightarrow \text{índice} \qquad \therefore \quad \text{índice} = \frac{360}{300} \times 100 = 120$

Portanto, número índice igual a 120 significa que o valor da variável na data corrente corresponde a 120% do valor da variável na data base, ou seja, ocorreu um aumento de 20% sobre o valor que a variável tinha na data base.

EXEMPLO 12.2

Interpretando o valor do número índice

O número de inscrições para o vestibular de um curso neste ano foi 360 e, no ano passado, 300. O índice calculado 120 mostra que o número de inscritos ao vestibular no ano corrente corresponde a 120% do número de inscritos ao vestibular no ano base, ou seja, a procura pelo curso aumentou 20% no período.

1 O quociente que leva à porcentagem é calculado com duas casas decimais.

12.2 Índices simples

Um número índice mede, em porcentagem, a mudança que ocorreu em uma variável entre duas datas. Mede, portanto, a mudança de preços de matérias-primas, a mudança da quantidade de itens vendidos, a mudança do valor de salários etc. Por essa razão, os números índices são muito usados por administradores, economistas e engenheiros.

12.2.1 Índice simples de preço ou preço relativo

- *Índice simples de preço* ou *preço relativo* é o quociente entre o preço de um produto na data corrente e o preço desse mesmo produto na data escolhida como base. O resultado é multiplicado por 100.

$$\text{Preço relativo} = \frac{\text{preço na data corrente}}{\text{preço na data base}} \times 100$$

A data corrente será indicada em todo este capítulo por t e a data base por 0. Então P_t é o preço na data corrente e P_0 é o preço na data base. O preço relativo será indicado por $I(P_t \mid P_0)$. Então:

$$I\left(P_t|P_0\right) = \frac{P_t}{P_0} \times 100$$

Os índices de preços comparam *mudanças nos preços* de um período para outro, mas *não fornecem os preços*. Por exemplo, um preço relativo de 104 para determinada mercadoria significa que o preço na data corrente é 4% maior que o preço na data base, mas não informa o preço da mercadoria.

EXEMPLO 12.3

Preços relativos

Um automóvel, que custava R$ 40.000,00 em janeiro de determinado ano, passou a custar R$ 44.000,00 em dezembro desse mesmo ano. Tomando janeiro como data base, o preço relativo é

$$\textit{Preço relativo} = \frac{44.000,00}{40.000,00} \times 100 = 110$$

Um quilo de bananas, que custava R$ 3,00 em janeiro desse mesmo ano, passou a custar R$ 3,30 em dezembro. O preço relativo, tomando janeiro como data base, é

$$\text{Preço relativo} = \frac{3,30}{3,00} \times 100 = 110$$

Os preços relativos calculados mostram que, entre janeiro e dezembro desse ano, o preço do automóvel aumentou 10% e o preço do quilo de bananas aumentou 10%. O fato de o quilo de bananas, de R$ 3,00, passar a custar R$ 3,30, e de um automóvel, de R$ 40.000,00, passar a custar R$ 44.000,00 – preços muito diferentes – não importa. O preço relativo de 110 mostra que o preço em dezembro de determinado ano foi 10% maior que em janeiro do mesmo ano, nos dois casos.

O preço relativo mostra a *evolução do preço de um produto*, no período estudado. Veja o Exemplo 12.4.

EXEMPLO 12.4

Evolução do preço de um produto

Considere um país de economia inflacionária que começou a calcular índices econômicos há pouco tempo. Vamos chamar de "ano zero" o ano em que se começou a organização de um banco de dados. Esse ano zero será tomado como data base. Os índices relativos de preços, apresentados na Tabela 12.1, são sempre iguais ao preço do produto no ano dividido pelo preço do produto na data base (ano zero), multiplicado por 100. Veja a evolução dos preços na Tabela 12.1 e na Figura 12.1.

Tabela 12.1 Preços e preços relativos de determinado produto ao longo de cinco anos

Ano	Preço	Preço relativo
0	70	$\frac{70}{70} \times 100 = 100$
1	84	$\frac{84}{70} \times 100 = 120$
2	168	$\frac{168}{70} \times 100 = 240$
3	252	$\frac{252}{70} \times 100 = 360$
4	280	$\frac{280}{70} \times 100 = 400$

Data base: ano zero

Figura 12.1 Evolução do preço do produto

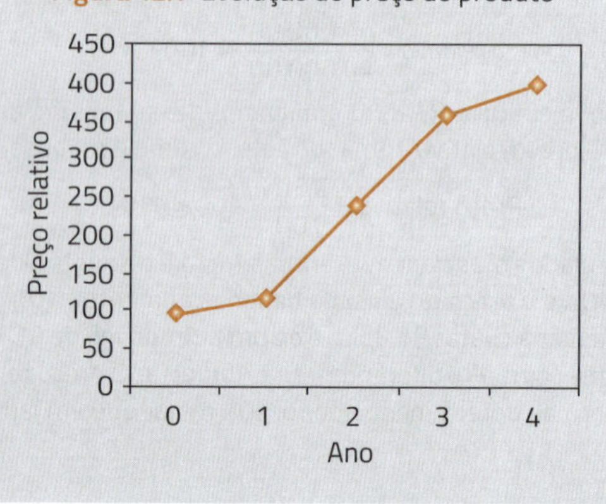

12.2.2 Índice simples de quantidade ou quantidade relativa

Índice simples de quantidade ou *quantidade relativa* é o quociente entre a quantidade (produzida, vendida ou consumida) de um produto na data corrente e a quantidade (produzida, vendida ou consumida) desse mesmo produto na data escolhida como base. O resultado é multiplicado por 100.

$$\text{Quantidade relativa} = \frac{\text{quantidade na data corrente}}{\text{quantidade na data base}} \times 100$$

Podemos, então, escrever:

$$I\left(Q_t | Q_0\right) = \frac{Q_t}{Q_0} \times 100$$

Nessa fórmula, $I(Q_t | Q_0)$ é a quantidade relativa, Q_t é a quantidade (produzida, vendida ou consumida) de um produto na data t, Q_0 é a quantidade (produzida, vendida ou consumida) desse mesmo produto na data *base*.

O índice relativo de quantidade mostra a *evolução de uma quantidade ao longo do tempo*, no período estudado.

EXEMPLO 12.5

Evolução da quantidade relativa

Uma empresa produziu 40 toneladas de aço no ano em que iniciou sua produção. No ano seguinte, produziu 60 toneladas, no terceiro ano 78 toneladas, no quarto ano 78 toneladas e no quinto ano 80 toneladas de aço. Vamos calcular a quantidade relativa, tomando o primeiro ano de produção como data base. Note que a quantidade relativa mostra, percentualmente, a evolução da quantidade produzida em relação ao ano em que a empresa iniciou sua produção.

Tabela 12.2 Produção de aço em toneladas e quantidade relativa, segundo o ano

Ano	Produção	Quantidade relativa
1	40	$\frac{40}{40} \times 100 = 100$
2	60	$\frac{60}{40} \times 100 = 150$
3	78	$\frac{78}{40} \times 100 = 195$
4	78	$\frac{78}{40} \times 100 = 195$
5	80	$\frac{80}{40} \times 100 = 200$

Data base: primeiro ano de produção

Figura 12.2 Evolução da produção de aço em toneladas (quantidade relativa), segundo o ano

12.2.3 Índice simples de valor ou valor relativo

O montante de dinheiro que gastamos com um produto varia de um mês para outro devido à mudança de preço ou à mudança da quantidade consumida. O que afeta nosso bolso é a mudança do *valor monetário* despendido com o produto, não importa se por mudança de preço, de quantidade consumida ou de ambos.

Para avaliar a quantidade de dinheiro que gastamos com determinado produto, multiplicamos o preço desse produto pela quantidade consumida. Obtemos assim o valor monetário, ou simplesmente o valor desse produto.

- *Valor monetário* ou simplesmente *valor* (do consumo, da compra, da produção, da venda) é o produto do preço pela quantidade vendida.

$$\text{valor} = p \times q$$

em que p representa o preço e q é a quantidade.

- *Índice simples de valor* ou *valor relativo* é o quociente entre o *valor* de um produto na data corrente e o *valor* desse mesmo produto na data escolhida como base. O resultado é multiplicado por 100.

$$\text{Valor relativo} = \frac{\text{valor na data corrente}}{\text{valor na data base}} \times 100$$

Podemos, então, escrever:

$$I\left(V_t|V_0\right) = \frac{V_t}{V_0} \times 100$$

Nessa fórmula, $I(V_t|V_0)$ é o valor relativo, V_t é o valor de um produto na data t, V_0 é o valor desse mesmo produto na data *base*.

EXEMPLO 12.6

Valor monetário

No mês passado, uma família consumia 25 litros de leite por mês. Neste mês, consumiu 30 litros de leite, porque tem mais uma pessoa na casa. O preço do litro de leite, que era R$ 2,00, se manteve. Então o valor relativo na presente data, considerando o mês passado como data base, é

$$I(V_t|V_o) = \frac{p_t q_t}{p_o q_o} \times 100$$

$$I(V_t|V_o) = \frac{2{,}00 \times 30}{2{,}00 \times 25} \times 100 = 120$$

Imagine agora que a família que consumia 25 litros de leite no mês passado continuou, neste mês, com o mesmo nível de consumo. Entretanto, o preço do litro de leite passou de R$ 2,00 para R$ 2,50. O valor relativo na data corrente, considerando o mês passado como data base, é

$$I(V_t|V_o) = \frac{2{,}50 \times 25}{2{,}00 \times 25} \times 100 = 125$$

Imagine agora que a família, que consumia 25 litros de leite no mês passado, consumiu 30 litros neste mês, porque tem mais uma pessoa na casa. O preço do litro de leite, que era R$ 2,00, passou para R$ 2,50. Então o valor relativo na data corrente, considerando o mês passado como data base, é

$$I(V_t|V_o) = \frac{2{,}50 \times 30}{2{,}00 \times 25} \times 100 = 150$$

Veja bem: tanto o aumento do consumo como o aumento do preço alteram o valor despendido com o produto, mas, obviamente, se consumo e preço aumentam, o gasto é maior.

A variação no valor monetário pode ser explicada por variação dos preços, das quantidades ou de ambos. Então você já sabe que se o preço de um produto que consome aumenta muito em relação aos outros, o valor relativo (o dinheiro que você passa a tirar do bolso, em relação ao que tirava antes) aumenta. Você só consegue manter o mesmo orçamento se diminuir o consumo desse produto que ficou muito caro, deixar de consumi-lo ou achar um substituto.

12.3 Índices gerais

Os índices simples expressam a mudança relativa no preço, na quantidade ou no valor monetário de um item, de um período para outro. Na hora de comprar, vender, consumir, exportar determinado item, os índices relativos simples são levados em conta, seja por uma grande empresa, uma família ou uma pessoa.

O consumidor já sabe que, se o preço de um dos produtos que consume aumenta relativamente bastante, o valor relativo (o dinheiro que ele passa a tirar do bolso em relação ao que ele tirava antes) aumenta em igual proporção – se a quantidade consumida for mantida constante. Então o consumidor já sabe que, nesse caso, só consegue manter a mesma proporção de gastos com esse tipo de produto se diminuir o consumo.

Mas a questão é que, em nossa sociedade, existe grande oferta e grande demanda por diferentes serviços e mercadorias, seja por parte do governo, das empresas, das famílias. Ninguém consome uma só mercadoria ou usa um só serviço. Então o *índice simples*, que mostra a mudança relativa nos preços, nas quantidades ou nos valores monetários de um produto em particular acaba sendo notório apenas quando a variação de uma variável é muito maior, em relação às outras. Você já deve ter ouvido falar sobre "aumento abusivo" no preço de um serviço ou de um produto, ou ouvido em casa a explicação de que o aumento de consumo de energia elétrica em janeiro foi causado pelas férias das crianças e pela quantidade de visitas.

No mais das vezes, porém, precisamos de um índice que mostre a evolução dos preços e das quantidades de um conjunto de produtos. Vamos pensar então em um *índice geral*, a partir dos índices simples. Mas vamos abordar neste livro apenas os índices gerais de preços, que são mais usados tanto na vida diária como nos concursos. Os índices gerais de quantidade e de valor seguem a mesma lógica de construção.

12.3.1 Média aritmética de preços relativos

- *Média aritmética dos preços relativos* de um conjunto de produtos e serviços é a média aritmética dos preços relativos desse conjunto de produtos e serviços. O resultado é multiplicado por 100.

$$\text{Média aritmética dos preços relativos} = \frac{\text{Soma de preços relativos}}{\text{nº de itens somados}} \times 100$$

Podemos, então, escrever:

$$I_M\left(P_t \mid P_0\right) = \frac{1}{n}\sum \frac{P_{it}}{P_{i0}} \times 100$$

Nessa fórmula, $I_M(P_t \mid P_0)$ é a média aritmética dos preços relativos, P_{it} são os preços dos produtos e serviços considerados ($i = 1, 2, \ldots n$) na data corrente e P_{i0} são os preços dos produtos e serviços considerados ($i = 1, 2, \ldots n$) na data *base*.

EXEMPLO 12.7

Média aritmética de preços relativos

São dados os preços de três produtos, A, B e C, em dois anos consecutivos, que denominaremos ano 1 e ano 2. Vamos calcular os preços relativos dos três produtos, tomando o ano 2 (note bem: ano 2) como base. Depois, vamos calcular a média dos preços relativos.

Tabela 12.3 Preços e preços relativos de três produtos

Produto	Ano	Preço	Preço relativo
A	1	12	$\frac{12}{15} \times 100 = 80$
	2	15	$\frac{15}{15} \times 100 = 100$
B	1	5	$\frac{5}{10} \times 100 = 50$
	2	10	$\frac{10}{10} \times 100 = 100$
C	1	20	$\frac{20}{25} \times 100 = 80$
	2	25	$\frac{25}{25} \times 100 = 100$

Data base: Ano 2

Como o ano 2 foi tomado como base, todos os índices de preço desse ano são 100. A média dos preços relativos dos três produtos considerados no ano 1 é:

$$I_M(P_t | P_0) = \frac{1}{n} \sum \frac{P_{it}}{P_{i0}} \times 100$$

$$I_M(P_1 | P_2) = \frac{1}{3}\left(\frac{80}{100} + \frac{50}{100} + \frac{80}{100}\right) \times 100 = 70$$

12.3.2 Índice simples de preços agregados

- *Índice simples de preços agregados* de conjunto de um conjunto de produtos e serviços é o quociente entre a soma dos preços desse conjunto de produtos e serviços na data considerada e a soma dos preços desse mesmo conjunto na data base, multiplicado por 100.

$$\text{Índice simples de preços agregados} = \frac{\text{Soma de preços na data corrente}}{\text{Soma de preços na data base}} \times 100$$

Podemos, então, escrever:

$$I_A(P_t|P_0) = \frac{\sum P_{it}}{\sum P_{i0}} \times 100$$

Nessa fórmula, $I_A(P_t|P_0)$ é o índice simples de preços agregados, P_{it} são os preços dos produtos e serviços considerados ($i = 1, 2, \ldots n$) na data corrente e P_{i0} são os preços dos produtos e serviços considerados ($i = 1, 2, \ldots n$) na data *base*.

EXEMPLO 12.8

Índice simples de preços agregados

São dados os preços de três produtos, A, B e C, em dois anos consecutivos, que denominaremos de ano 1 e ano 2. Vamos calcular os preços relativos (ou índices relativos de preço) dos três produtos, tomando o ano 2 (note bem: ano 2) como base. Depois, vamos calcular o índice simples de preços agregados.

Tabela 12.4 Preços de três produtos

Ano	Preço		
	A	B	C
1	12	5	20
2	15	10	25

Data base: Ano 2

$$I_A(P_1|P_2) = \frac{\sum P_{i1}}{\sum P_{i2}} \times 100$$

$$I_A(P_1|P_2) = \frac{12+5+20}{15+10+25} \times 100 = 74$$

12.4 Índice de custo de vida

A quantidade e a variedade de bens e serviços que uma pessoa compra configura seu padrão de vida.

- *Cesta de compras* é o conjunto de bens e serviços comprados. A cada bem ou serviço corresponde uma quantidade consumida do bem ou a unidade em que o serviço é obtido[2].

2 Veja: *Para compreender o INPC: um texto simplificado*/IBGE, Coordenação de Índices de Preços. 7. ed. Rio de Janeiro : IBGE, 2016.

EXEMPLO 12.9

Cesta de compras

Imagine um eremita que compra apenas sal, fósforos e usa uma vez por mês o serviço de correio. Em abril do ano 0, os itens e as respectivas quantidades consumidas pelo eremita estão na Tabela 12.5. Então esta é a cesta de compras do eremita.

Tabela 12.5 Cesta de compras do eremita

Item	Quantidade consumida
Sal	0,250 kg
Fósforos	2 caixas
Correio	1 carta

Sabendo os itens que uma pessoa compra com as respectivas quantidades, e pesquisando os preços, podemos ter ideia do custo de vida dessa pessoa. Para isso, multiplicamos a quantidade adquirida de cada item pelo respectivo preço. A soma desses produtos dá o custo de vida dessa pessoa.

Custo de vida de uma pessoa é o total[3] das despesas que essa pessoa faz para ter determinado padrão de vida.

EXEMPLO 12.10

Custo de vida

Veja o custo de vida, em abril do ano 0, do eremita que compra apenas sal, fósforos e usa uma vez por mês o serviço de correio. Foi preciso multiplicar as quantidades adquiridas pelos respectivos preços. A soma desses custos (R$ 8,00), apresentada na Tabela 12.6, é o custo de vida do eremita em abril do ano 0.

Tabela 12.6 Custo de vida no ano 0

Item	Quantidade consumida	Preço (em reais)	Custo (em reais)
Sal	0,250 kg	2,00	0,50
Fósforos	2 caixas	2,50	5,00
Correio	1 carta	2,50	2,50
Soma			8,00

3 O total dessas despesas é referido à cesta mais barata dentre aquelas que refletem o mesmo padrão de vida. Veja: *Para compreender o INPC: um texto simplificado*/IBGE, Coordenação de Índices de Preços. 7. ed. Rio de Janeiro : IBGE, 2016.

A quantidade de dinheiro que se despende para ter determinado padrão de vida pode ser vista como uma medida do custo de vida. De qualquer forma, o exemplo do eremita, planejado com a finalidade única de simplificar cálculos e facilitar o entendimento de conceitos, é absolutamente irreal. Em situação real, é muito difícil calcular o custo de vida de uma pessoa que tem despesas com alimentação, moradia, vestuário, lazer, transporte, cuidados com a saúde, água, luz, telefone etc.

Mais difícil ainda é medir como a evolução dos preços dos bens e serviços da cesta de compras de uma pessoa muda, percentualmente, as despesas dela, para manter o mesmo padrão de vida por determinado período de tempo. No entanto, é preciso pensar em um índice para medir a variação do custo de vida.

Vamos começar com o índice de custo de vida, indicado por *ICV*. Para calcular o *ICV* de uma pessoa em determinado período, é preciso que esse consumidor não substitua os itens que integrem sua cesta de compras. Ainda, é preciso ter os preços dos bens e serviços da cesta de compras, no início e no final do período. Para obter o *ICV*, divida o custo de vida na data corrente (numerador) pelo custo de vida na data base (denominador). O resultado é multiplicado por 100. Veja o Exemplo 12.11.

EXEMPLO 12.11

Índice de Custo de Vida

Para obter o custo de vida em maio do ano 0 do eremita que compra apenas sal, fósforos e usa o serviço de correio uma vez por mês, precisamos dos preços desses itens. Veja a Tabela 12.7: o custo de vida do eremita em maio do ano 0 é dado pela soma dos custos dos itens que ele compra (R$ 10,60).

Tabela 12.7 Custo de vida no ano 1

Item	Quantidade consumida	Preço (em reais)	Custo (em reais)
Sal	0,250 kg	2,40	0,60
Fósforos	2 caixas	2,50	5,00
Correio	1 carta	5,00	5,00
Soma			10,60

O custo de vida do eremita em abril do ano 0 era R$ 8,00 e, em maio do mesmo ano, era R$ 10,60. O índice de custo de vida para o eremita, no período abrangido por abril do ano 0 e em maio do mesmo ano é :

$$ICV = \frac{10,60}{8,00} \times 100 = 132,50$$

Lembrando que na data base um índice vale, sempre, 100, você poderia usar a regra de três:

$$\begin{array}{ll} 8,0 & \rightarrow 100 \\ 10,60 & \rightarrow ICV \end{array} \quad \therefore \quad ICV = \frac{10,60}{8,00} \times 100 = 132,50$$

Para manter o mesmo padrão de vida do mês anterior, a renda do eremita tem de aumentar 32,50%.

O *Índice de Custo de Vida* de uma pessoa, em determinado período, mede a variação percentual que seu salário deve sofrer de modo a permitir que ela mantenha o mesmo padrão de vida[4].

A rigor, você só pode medir a variação do custo de vida de uma pessoa se ela mantiver a mesma cesta de compras durante o período analisado[5]. Nesse caso, o custo de vida variaria em função da variação dos preços. Mas como se calcula o *ICV* dos moradores de sua cidade? Se você estiver pensando em fazer uma média dos índices de custo de vida de cada um, pense também nas dificuldades práticas. Você conseguiria convencer todos os moradores de sua cidade a ter o comportamento do eremita, isto é, manter registro de cada gasto e não mudar a cesta de compras durante certo período? E como você resolveria a questão de cestas de compras diferentes dos muitos moradores?

Dadas essas e outras dificuldades óbvias, não é possível calcular o verdadeiro Índice de Custo de Vida. Calcula-se uma *aproximação,* o Índice de Preços ao Consumidor (IPC).

Para construir um índice de preços ao consumidor, é preciso:

- Preestabelecer uma *mesma cesta de compras*, para a data base e a data corrente. Isto significa considerar – o que é artificial – que os consumidores não substituem bens e serviços e os compram nas mesmas quantidades.
- Estabelecer o *período de coleta* dos dados.
- Buscar os *preços dos itens da cesta de compras* onde as pessoas fazem suas compras, na data base e na data corrente, para obter os preços relativos de cada item.
- Calcular a *proporção de gastos com cada item*, em relação ao gasto total, em um período. Esta proporção de gastos com cada item é chamada de *fator de ponderação.*
- Multiplicar o preço relativo de cada item pela proporção de gastos com esse item.
- Somar os produtos obtidos.

4 Consulte *Para compreender o INPC: um texto simplificado*/IBGE, Coordenação de Índices de Preços. 7. ed. Rio de Janeiro: IBGE, 2016.

5 Se houver mudanças na cesta de compras, os produtos trocados devem ser todos equivalentes.

EXEMPLO 12.12

Fatores de ponderação

A cesta de compras do eremita é constituída por 0,250 kg de sal, duas caixas de fósforos e uma carta por mês no correio. Buscamos os preços na data base (abril) e na data corrente (maio). Vamos então calcular a proporção dos gastos com cada item, no mês de abril. Veja a Tabela 12.8: o eremita gastou R$ 8,00 no total, assim distribuídos: 0,0625 dos gastos foram com sal, 0,6250 dos gastos foram com fósforos e 0,3125 dos gastos foram com correio. Essas proporções são os *fatores de ponderação.*

Tabela 12.8 Fator de ponderação

Item	Quantidade consumida	Preço	Custo	Fator (proporção)
Sal	0,25	2,00	0,50	$\frac{0,05}{8,00} = 0,0625$
Fósforos	2 caixas	2,50	5,00	$\frac{2,50}{8,00} = 0,6250$
Correio	1 carta	2,50	2,50	$\frac{2,00}{8,00} = 0,3125$
Soma			8,00	1,0000

O Exemplo 12.12 mostra como se faz o cálculo dos fatores de ponderação. O eremita manteve a mesma cesta de compras, nas mesmas proporções, por todo o período. Neste caso, o índice de preços é exatamente o índice de custo de vida. Vamos calcular o índice de preços do eremita. Veja o Exemplo 12.13.

EXEMPLO 12.13

Índice de preços

A Tabela 12.9 apresenta os preços pagos pelo eremita que compra apenas sal, fósforos e usa uma vez por mês o serviço de correio, em abril do ano 0 e em maio do mesmo ano. Foi então calculado o relativo de preços, que mostra a mudança de preços. Os fatores de ponderação foram multiplicados pelos respectivos relativos de preços. A soma dos produtos é um índice. Veja a Tabela 12.9

Tabela 12.9 Fator de ponderação para ICV

Item	Preço			Fator de ponderação	Índice
	Ano 0	Ano 1	Relativo		
Sal	2,00	2,40	120,00	0,0625	120,00 × 0,0625 = 7,50
Fósforos	2,50	2,50	100,00	0,6250	100,00 × 0,6250 = 65,20
Correio	2,50	5,00	200,00	0,3125	200,00 × 0,3125 = 6250
Soma				1,0000	132,50

O índice é 132,50. Então o custo de vida na data corrente aumentou em 32,50%.

No Brasil, vários institutos de pesquisa calculam índices de preços. As diferenças entre os diversos índices são explicadas pela variação das cestas de compras, pelos fatores de ponderação dos bens e serviços, e pelo período de coleta de dados.

A cesta de compras e os fatores de ponderação dependem:

- do nível de renda da pessoa;
- dos hábitos e preferências, muitas vezes regionais;
- da ocupação da pessoa;
- da introdução de novos produtos no mercado etc.

Finalmente, por razões que não vêm ao caso, cada instituto de pesquisa faz a sua escolha ao definir todas as variáveis. Então, você precisa estudar muito mais se quiser entender de índices econômicos.

12.5 Principais índices de preços

12.5.1 INPC/IBGE e IPCA/IBGE

Um dos índices de preços mais usados no Brasil é o INPC/IBGE (Índice Nacional de Preços ao Consumidor), levantado pelo IBGE. Esse índice começou a ser calculado em 1948 pelo extinto Ministério do Trabalho, Indústria e Comércio do Brasil. Atualmente, o INPC resulta dos índices de preços ao consumidor das famílias de rendimento mensal entre 1 e 6 salários mínimos residentes nas regiões urbanas de 11 áreas: Belém, Fortaleza, Recife, Salvador, Rio de Janeiro, São Paulo, Curitiba, Porto Alegre, Belo Horizonte, Brasília, Goiânia. Os preços são coletados no mês civil.

O IPCA – Índice de Preços ao Consumidor Amplo – é calculado pelo IBGE desde 1980. O IPCA resulta dos Índices de Preços ao Consumidor das famílias de rendimento mensal entre 1 e 40 salários mínimos, residentes nas regiões urbanas das mesmas 11 áreas analisadas para obter o INPC. Também tem os preços coletados no mês civil.

12.5.2 IGP/FGV

O IGP/FGV (Índice Geral de Preços) é levantado pela Fundação Getúlio Vargas. Embora não exista indexador oficial no país, o IGP é o índice de preços mais usado como indexador de contratos de longo prazo, públicos e privados. Esse índice é usado, por exemplo, nos contratos de aluguel. O IGP é uma média ponderada de três outros índices levantados pela FGV:

- IPA – Índice de Preços no Atacado, que entra no cálculo do IGP com peso 6 – é obtido com base na pesquisa feita nacionalmente. com quase 500 empresas.
- IPC – Índice de Preços ao Consumidor, que entra no cálculo do IGP com peso 3, é um índice de preços no varejo similar ao INPC/IBGE e IPC/FIPE, obtido no Rio de Janeiro e em São Paulo.

- INCC – Índice Nacional do Custo da Construção, que entra no cálculo do IGP com peso 1, mede a variação de preços de materiais de construção e de mão de obra.

12.5.3 IPC/FIPE

O IPC/FIPE (Índice de Preços ao Consumidor) é o mais antigo indicador da evolução do custo de vida das famílias paulistanas. Começou a ser calculado em janeiro de 1939 pela Divisão de Estatística e Documentação da Prefeitura do Município de São Paulo. Era chamado "índice ponderado de custo de vida da classe operária na cidade de São Paulo". Nessa época, eram levantados preços no atacado (na Bolsa de Cereais de São Paulo) e no varejo (nas feiras livres). Em 1968, a responsabilidade do cálculo foi transferida para o Instituto de Pesquisas Econômicas (FIPE), vinculado ao Departamento de Economia da USP e, em 1973, com a criação da FIPE, para esta instituição. Ele estima as variações do custo de vida das famílias com renda familiar entre 1 e 10 salários mínimos.

12.5.4 ICV do Dieese

O ICV do Dieese (Índice do Custo de Vida) é levantado pelo Departamento Intersindical de Estatística e Estudos Socioeconômicos em São Paulo desde 1959. Os preços são referidos ao mês civil. O índice geral engloba todas as famílias e mede o efeito da variação dos preços de famílias paulistas com renda mensal entre 1 e 30 salários mínimos. O índice é calculado em três extratos distintos:

- Extrato 1 – Famílias com menor renda, 1 a 3 salários mínimos (1/3).
- Extrato 2 – Famílias com renda intermediária, 1 a 5 salários mínimos (1/3).
- Extrato 3 – Famílias de maior poder aquisitivo, 1 a 30 salários mínimos (1/3).

12.6 Valores reais ou deflacionados

O real de hoje não é mais o mesmo real de julho de 1994[6] porque com R$ 1,00 em julho de 1994 você comprava mais do que com R$ 1,00 hoje. Então o *poder de compra* do real de 1994 era maior do que o do real de hoje. Isto aconteceu por causa da *inflação* ou *desvalorização da moeda*.

- Inflação é um movimento generalizado e persistente dos preços para cima.
- Deflação é um movimento generalizado e persistente dos preços para baixo.

Antes de comparar ou fazer cálculos que envolvam valores monetários de épocas diferentes, por exemplo, comparar valores de julho de 1994 com valores de hoje, é preciso *deflacionar*.

6 Real é a moeda corrente no Brasil desde julho de 1994.

▸ *Deflacionar* significa eliminar o efeito da inflação dos valores monetários.

Valores monetários de épocas diferentes só podem ser comparados quando se usa a mesma "unidade de medida". Logo, o valor pago hoje só pode ser comparado com o valor pago em julho de 1994 se for *deflacionado*, ou seja, "corrigido" para tirar o efeito da inflação que ocorreu no período.

▸ *Valor real* ou *valor deflacionado* é o valor de um bem medido em unidades monetárias da data base.

EXEMPLO 12.14

Valor real ou deflacionado

Imagine que entre a data base e a data corrente (hoje) o índice de preços passou de 100 para 200. Isso significa aumento de 100% nos preços.

Na data corrente (hoje) você pagou R$ 130,00 por um serviço. Quanto você teria pagado na data base?

Houve um aumento de 100% nos preços, ou seja, os preços duplicaram. Então você teria pagado na data base metade do valor corrente (do valor que você pagou hoje em reais da data corrente), ou seja:

$$\frac{130{,}00}{2} = 65{,}00$$

▸ *Valor nominal* ou *valor corrente* é o valor de um bem medido em unidades monetárias da data corrente.

Veja novamente o Exemplo 12.14: o valor real (R$ 65,00) é o valor nominal (R$ 130,00) "corrigido" para remover o efeito da inflação de 100% que ocorreu no período. Não teria sentido dizer "dobrou o preço do serviço" porque a inflação foi de 100%. Na verdade, o preço do serviço foi mantido.

Como deflacionar? Faça V_0 indicar o valor real ou deflacionado e V_1 indicar o valor nominal ou corrente. Escolha um índice para ser usado como medida de inflação no período em análise. Na data base, o índice vale 100. Na data corrente, o índice vale I_1 (a data base é a referência). Usando uma regra de três.

$$V_0 \rightarrow 100$$

$$V_1 \rightarrow I_1 \qquad \therefore \quad V_0 = \frac{V_1}{I_1} \times 100$$

Denomina-se *deflator* o índice de preços usado como medida de inflação ou de desvalorização da moeda.

EXEMPLO 12.15

Deflacionamento

Na Tabela 12.10 você encontra valores correntes de uma determinada mercadoria e índices de preços ao longo de quatro anos, para um país de economia inflacionária. Também estão na Tabela 12.10 os valores reais, tomando o ano 0 como data base.

Tabela 12.10 Valor corrente, índice de preços e valor real, tomando o ano 0 como data base.

Ano	Valor corrente	Índice de preços	Valor real
Janeiro do ano 0	12.750	100	$V_0 = \frac{12750}{100} \times 100 = 12.750$
Janeiro do ano 1	24.300	150	$V_0 = \frac{24300}{150} \times 100 = 16.200$
Janeiro do ano 2	39.210	300	$V_0 = \frac{12750}{100} \times 100 = 13.070$
Janeiro do ano 3	57.350	500	$V_0 = \frac{12750}{100} \times 100 = 11.470$

O valor do índice de preços no ano zero, tomado como data base, é 100. O valor real está medido na unidade monetária desse ano. O crescimento do valor corrente é explicado pela *inflação*. Numa economia inflacionária é preciso analisar valores reais – não os valores correntes. Note que o valor da mercadoria não aumentou – mesmo que muita gente pense assim.

12.7 Taxa de juros

Se você já pediu dinheiro emprestado, já deve ter ouvido falar de juro. Existe o "aluguel do dinheiro" que é cobrado por quem o possui. Pense assim: quem toma dinheiro emprestado usa o dinheiro que não é dele até o dia em que puder pagar. O credor, que é o dono do dinheiro, não pode usar o dinheiro até o dia em que receber o que emprestou. Então, quem toma emprestado, paga aluguel.

▸ *Taxa de juros* é a taxa de remuneração do capital em determinado tempo.

Podemos entender taxa de juros como custo do dinheiro. Vamos definir aqui apenas taxa nominal e taxa real de juros. A taxa nominal de juros é a expressa nos percentuais de juros.

▸ *Taxa nominal* de juros é a taxa de juros sem ajuste para a inflação.

$$\text{Taxa nominal de juros} = \frac{\text{Valor futuro} - \text{valor presente}}{\text{Valor presente}}$$

É usual apresentar esse valor em porcentagem. Podemos então escrever:

$$TN = \frac{VF - VP}{VP} \times 100$$

em que TN é a taxa nominal de juros, VF é o valor futuro e VP é o valor presente.

EXEMPLO 12.16

Taxa nominal de juros

Você empresta R$ 30.000,00 que deve quitar dentro de um ano pelo valor de R$ 34.500,00. Qual é a taxa nominal de juros?

$$TN = \frac{34.500,00 - 30.000,00}{30.000,00} \times 100 = 15\%$$

Será que quem emprestou dinheiro a uma taxa nominal de juros de 15% ao ano ganhou dinheiro nessa transação econômica? Parece intuitivo que, se a inflação no ano foi zero, ganhou, mas se a inflação foi muito alta – digamos 40% – perdeu dinheiro. É possível avaliar o ganho real?

Existe ganho real quando a taxa nominal é maior que a inflação. A inflação é medida pelo índice de preços. O índice de preços usado como medida de inflação ou de desvalorização da moeda é chamado *deflator*.

A taxa real de é dada por:

$$\text{Taxa real de juros} = \frac{1 + \text{taxa nominal de juros}}{1 + \text{deflator}}$$

É usual apresentar a taxa real de juros em porcentagem, e que o IGP seja tomado como deflator. A taxa real de juros (TR) é dada por:

$$\text{TR} = \frac{1 + TN}{1 + IGP} \times 100$$

EXEMPLO 12.17

Taxa real de juros

Você empresta R$ 30.000,00 que deve quitar dentro de um ano pelo valor de R$ 34.500,00. A taxa nominal de juros, obtida no Exemplo 12.16 é 15%? Se o IGP no ano foi 6,2%, qual foi a taxa nominal de juros?

$$TN = \frac{1 + 0,15}{1 + 0,0062} \times 100 = 0,0829$$

ou seja, praticamente 8,3% ao ano.

A taxa nominal de juros é igual à taxa real de juros se a taxa de inflação for 0.

EXERCÍCIOS

1. Na Tabela 12.11 são fornecidos os números de candidatos por vaga nos cursos mais procurados de uma grande universidade, em dois anos consecutivos. Calcule os índices, considerando como data base o ano 1.

Tabela 12.11 Número de candidatos por vaga nos cursos mais concorridos de uma universidade, em dois anos consecutivos

Ano 1		Ano 2	
Curso	Candidatos por vaga	Curso	Candidatos por vaga
Publicidade	56,7	Turismo	71,2
Turismo	50,8	Publicidade	55,9
Fisioterapia	51,7	Fisioterapia	46,0
Editoração	38,7	Jornalismo	45,1
Jornalismo	37,1	Artes cênicas	29,1

2. Se um posto de gasolina vendeu, em julho de determinado ano, 632.683 litros de gasolina e, em agosto desse mesmo ano, 847.832 litros do produto, calcule o índice relativo de quantidade, tomando agosto como data corrente e julho como data base.
3. O preço de determinado artigo em dezembro de determinado ano era R$ 1,20 e, em dezembro do ano seguinte, subiu para R$ 1,38. Tomando como data base o primeiro ano, determine o preço relativo.
4. O preço de determinando artigo em dezembro de determinado ano era R$ 1,20 e, em dezembro do ano seguinte, subiu para R$ 1,38. Tomando como data base o segundo ano, determine o preço relativo.
5. São fornecidas as quantidades vendidas de dois produtos em determinada região, durante um período de quatro anos. Encontre as quantidades relativas, tomando o ano 1 como data base. Crie um gráfico para mostrar a evolução das quantidades vendidas.

Tabela 12.12 Quantidades vendidas de dois produtos, em determinada região, em quatro anos consecutivos

Ano	Produto	
	A	B
1	6	14
2	8	18
3	10	16
4	10	14

6. São fornecidos os preços de dois produtos vendidos em determinada região, durante um período de quatro anos. Encontre os preços relativos, tomando o ano 1 como data base. Crie um gráfico para mostrar a evolução dos preços dos produtos.

Tabela 12.13 Preços, em reais, de dois produtos vendidos em determinada região, em quatro anos consecutivos

Ano	Produto	
	A	B
1	24,00	10,00
2	30,00	20,00
3	36,00	40,00
4	48,00	60,00

7. São fornecidos os preços, em reais, de três produtos, em dois anos consecutivos. Tomando o primeiro ano como base, calcule a média aritmética dos preços relativos e o índice simples de preços agregados.

Tabela 12.14 Preços, em reais, de três produtos vendidos em determinada região, em dois anos consecutivos

Ano	Preços	
	Ano 1	Ano 2
A	15,00	18,00
B	10,00	20,00
C	25,00	35,00

8. Uma empresa que fabrica computadores de um só modelo e chaveiros vendeu, no primeiro ano de produção, computadores a R$ 1.500,00 e chaveiros a R$ 10,00. O preço relativo de ambos os produtos no ano seguinte, tomando o primeiro ano de produção como data base, era 105. A que preços foram vendidos computadores e chaveiros no segundo ano de produção da empresa?

9. Uma empresa vendeu, em janeiro de determinado ano, 1.000 unidades de um artigo ao preço de R$ 500,00. Em julho do mesmo ano, vendeu 2.000 unidades do mesmo artigo ao preço de R$ 600,00. Encontre o valor monetário das vendas do artigo, nos dois anos. Calcule também o valor relativo[7], considerando o primeiro ano com data base, por meio da fórmula:

$$\text{Valor relativo} = \frac{V_t}{V_0} \times 100$$

7 O valor relativo não foi definido no texto.

10. Uma adolescente mora com os pais e não tem gastos com moradia, alimentação e transporte. Recebe uma mesada de R$ 320,00, que gasta com vestuário e lazer. Se o preço das unidades do vestuário for R$ 80,00 e o preço da unidade de lazer for de R$ 40,00, de quantas maneiras ela pode organizar seus gastos?

11. Complete as frases:

a) O *número índice* é dado pelo (quociente ou produto) ____________ de dois valores da mesma variável.

b) Os índices relativos de preço expressam a mudança no (preço ou valor) __________ de um item, de um período para outro.

b) A *média aritmética dos preços relativos* é um índice (simples ou geral) _________de preços.

12. Falso ou verdadeiro?

a) Os consumidores adquirem ou não um serviço em função de condições extremamente objetivas.

b) Índice 110 significa um aumento de 110% no valor da variável.

13. Entre janeiro do ano 1 e janeiro do ano 5, o preço de certo produto aumentou de 80 para 189. Se, nesse período, o índice geral de preços cresceu de 100 para 210, qual é o preço real do produto em janeiro do ano 5, medido em unidades monetárias de janeiro do ano 1?

14. Em uma operação financeira com taxas prefixadas, um banco emprestou R$ 12.000,00 para serem pagos R$ 15.000,00 em um ano. Qual é a taxa nominal desse empréstimo?

15. Na operação financeira definida no Exercício 14, se a inflação durante o período do empréstimo for igual a 10%, qual é a taxa real do empréstimo?

16. Imagine que você emprestou R$ 100.000,00 de seu sogro, para ser quitado por R$ 112.000,00 ao final de um ano. Você pensa que está pagando um aluguel de $ 1.000,00 por mês. Mas se a inflação, medida pelo IGP, no período foi de 20%, qual a taxa real do empréstimo?

17. Imagine que você ganhou R$ 5.000,00 e resolve aplicar em regime de juros simples a uma taxa de 2% ao mês, durante 11 meses. De quanto será o montante no final do período?

18. No Exercício 17, quanto você ganhou de juros, se o IGP no período foi de 5%? E se foi de 10%?

19. Você aplicou R$ 100.000,00 pelo prazo de 180 dias e obteve rendimento de R$ 16.500,00. Qual era a taxa anual para essa aplicação?

20. Complete as frases:

a) Para obter a *proporção* de gastos de uma família com determinado item, é preciso (somar ou multiplicar ou dividir) _____________ *os gastos com esse item* pelo *total de gastos* da família.

b) O Índice de Preços ao Consumidor Amplo (IPCA) é calculado pelo (IBGE ou FGV ou Dieese) _________________.

c) Valor real ou deflacionado é o valor medido em unidades monetárias da data (corrente ou útil ou base) ___________.

21. Falso ou verdadeiro?

a) O INPC mede a variação de preços no varejo com base no consumo médio de famílias com renda mensal de mais de 20 salários mínimos.

b) O índice de custo de vida mede a variação dos preços de bens e serviços consumidos por uma amostra representativa da população de uma região, em certo período de tempo.

Respostas dos exercícios

Capítulo 1

1. Tipo das variáveis:
   a) Peso de encomendas postadas em correio: numérica, contínua.
   b) Marcas de carros: categorizada, nominal.
   c) Resistência de materiais: numérica, contínua.
   d) Quantidade anual de chuva em sua cidade: numérica, contínua.
   e) Nacionalidade: categorizada, nominal.
   f) Número de canções em uma peça musical: numérica, discreta.
   g) Número de caixas de leite vendidas por dia em um supermercado: numérica, discreta.
   h) Comprimento de terrenos: numérica, contínua.
2. A tabela fica como segue:

Distribuição das notas de 200 alunos

Nota do aluno	Frequência	Frequência relativa
De 9 a 10	16	0,08
De 8 a 8,9	36	0,18
De 6,5 a 7,9	90	0,45
De 5 a 6,4	30	0,15
Abaixo de 5	28	0,14
Total	200	100

3.

Distribuição dos votos de 20 pessoas

Candidato	Número de votos	Porcentagem
Alice	8	40,0%
Benetti	9	45,0%
Clóvis	3	15,0%
Total	20	100,0%

Nenhum candidato alcançou maioria absoluta.

4.

Distribuição dos doadores de sangue segundo o tipo de sangue

Tipo de sangue	Frequência	Frequência relativa
O	15	0,375
A	16	0,400
B	6	0,150
AB	3	0,075
Total	40	1,000

5. Tiveram grau A 20 alunos

6.

a) Menos de 10 assentos desocupados: some as frequências das duas primeiras classes, isto é, a frequência da classe de zero até 4 deve ser somada à frequência da classe mais de 5 até 9.

b) Mais de 14 assentos desocupados: some a frequência da classe de 15 até 19 com a frequência da classe de 20 e mais.

c) Pelo menos 5 assentos desocupados: some as frequências das classes de 5 até 9; de 10 até 14; de 15 até 19; 20 e mais.

d) Não se pode obter a frequência de exatamente 9 assentos desocupados.

7.

Distribuição dos alunos da classe segundo o animal de estimação que eles mesmos escolheriam

Animal	Número	Porcentagem
Cão	19	47,5%
Gato	13	32,5%
Papagaio	3	7,5%
Periquito	2	5,0%
Tartaruga	2	5,0%
Leão	1	2,5%
Total	40	100,0%

8.

Distribuição dos resultados da contagem de itens com defeitos ou não conformes produzidos durante 25 dias em uma linha de produção

Dia	Nº de itens com defeito
1	1
2	3
3	5
4	3
5	2
6	3
7	2
8	4
9	0
10	2
Total	25

9.

Número de residências segundo o número de moradores

Nº de moradores	Nº de residências
1	7
2	12
3	23
4	43
5	8
6	4
7	3
Total	100

10.

Comprimento em centímetros das unidades de mega hair examinadas

Classe	Frequência
63,5 ⊢ 64,0	5
64,0 ⊢ 64,5	3
64,5 ⊢ 65,0	5
65,0 ⊢ 65,5	7
Total	20

11.

a) Dados de contagem são discretos.

b) O número de vezes que ocorre determinado evento é chamado frequência.

c) Dados de gênero e cor dos olhos são nominais.

12.

a) A frequência relativa de uma classe é obtida dividindo-se a frequência da classe pelo total. *Verdadeiro.*

b) Estatística é a ciência que ensina a apresentar gráficos. *Falso*

13. As classes são

135 ⊢ 142
142 ⊢ 149
149 ⊢ 156
156 ⊢ 163
163 ⊢ 170

14.

Distribuição das notas dos alunos

Nota	Conceito	Frequência
Menor que 5	D	2
5 ⊢ 7	C	3
7 ⊢ 9	B	7
9 ou maior	A	3
Total		15

15.

a)

Resultados do exame das embalagens

Avaliação	Frequência	Porcentagem
Amassadas	4	13,3%
Cortadas	1	3,3%
Não fechadas	2	6,7%
Sem defeito	23	76,7%
Total	30	100,0%

b) Sem dúvida, os funcionários têm razão nas queixas, porque praticamente uma de cada quatro embalagens (100,0% – 76,7% = 23,3%) tem defeito.

16.

Distribuição dos itens produzidos segundo o turno e a conformidade

Turno	Item			Porcentagem de não conformes
	Conforme	Não conforme	Total	
A	563	151	714	21,1%
B	307	85	392	21,7%

17.

a) Sexta-feira

b) Departamento A

Acidentes de trabalho segundo o dia da semana e o departamento

Departamento	Dia da semana					Porcentagem
	Segunda	Terça	Quarta	Quinta	Sexta	
A	12	21	23	29	35	34,2%
B	14	10	11	10	15	17,1%
C	12	12	13	11	11	16,8%
D	24	22	23	21	22	31,9%
Porcentagem	17,7%	18,5%	19,9%	20,2%	23,6%	100,0%

18. Resposta **d**

Distribuição dos salários dos 200 funcionários

Classe	Porcentagem	Frequência relativa
2 ⊢ 4	20	0,20
4 ⊢ 5	25	0,25
5 ⊢ 8	45	0,45
8 ⊢ 10	10	0,10
Total	100	1,00

Proporção de salários de 4 ⊢ 5 a 5 ⊢ 8 é 0,25 + 0,45 = 0,70. São 200 funcionários no total; logo, 200 × 0,70 = 140.

19. Tipo das variáveis: a) numérica, discreta; b) numérica, contínua; c) numérica, contínua; d) numérica, discreta; e) numérica, contínua; f) numérica, discreta.

20. Resposta **c**: 0,76 × 10.000 × 0,82 = 6.232.

Capítulo 2

1.

Tempo de espera no atendimento de emergência de pacientes em uma clínica de ortopedia

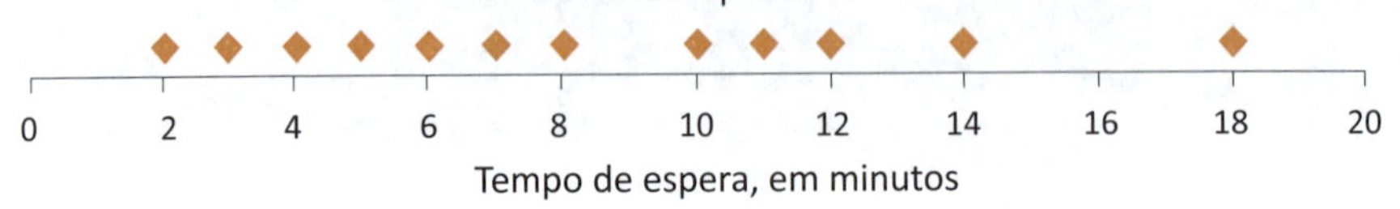

Comentário: o tempo de espera de 18 minutos é um dado discrepante. O escritório pode pedir que os tempos de espera sejam menores, como não mais de 10 minutos.

2.

Qualidade de atendimento dos garçons

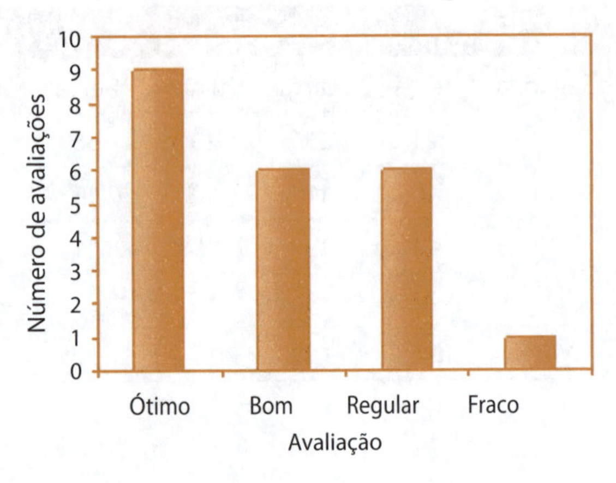

3.

Tempo de uso de computadores domésticos, em horas, por pessoas com 12 anos e mais, durante uma semana

Classe	Frequência	Porcentual
De zero a 3 horas	5	10%
De 3 a 6 horas	28	56%
De 6 a 9 horas	8	16%
De 9 a 12 horas	6	12%
De 12 a 15 horas	3	6%
Total	50	100%

Tempo de uso de computadores domésticos, em horas, por pessoas com 12 anos e mais, durante uma semana

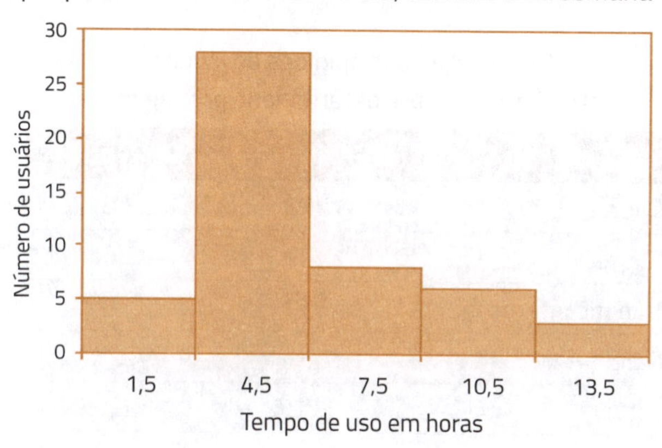

O gráfico mostra que a maior parte dos usuários usa computador doméstico de 3 a 6 horas por semana.

4. Gráfico de barras; 201 pessoas disseram ter excelente saúde.

5.

Número de itens produzidos por uma máquina nos dois turnos da semana

Dia da semana	Manhã	Tarde
Segunda-feira	39	35
Terça-feira	34	28
Quarta-feira	41	40
Quinta-feira	36	35
Sexta-feira	39	36

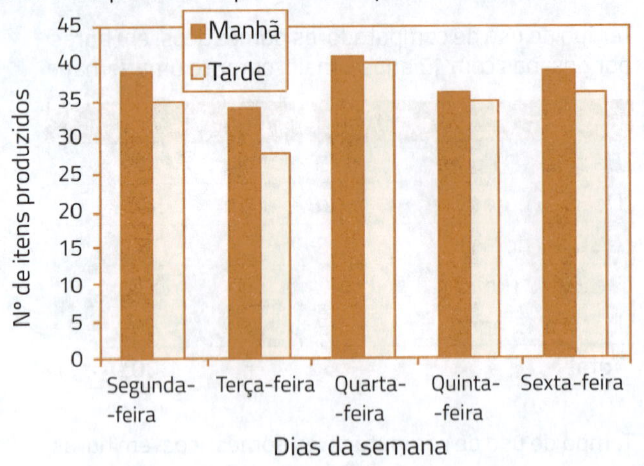

6.

Distribuição das opiniões de jovens entrevistados sobre determinada propaganda

Resposta	Frequência	Porcentual
Adorei	258	23,8%
Gostei	429	39,6%
Não me interessei	352	32,5%
Odiei	45	4,2%
Total	1.084	100,0%

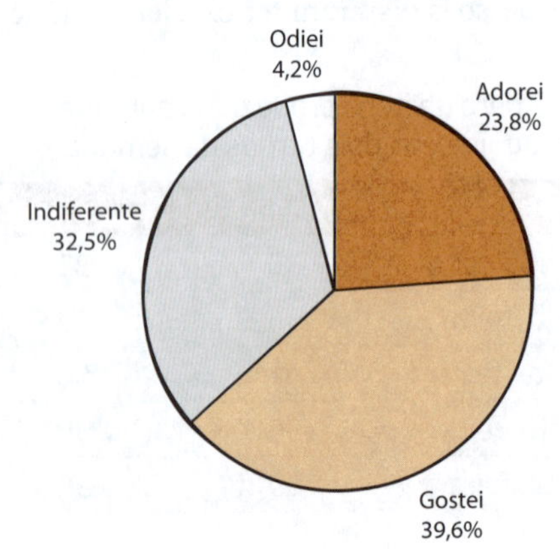

Acredita que a propaganda faz os jovens usar o produto?

Resposta	Frequência	Percentual
Com certeza	322	29,7%
Pode ser	430	39,7%
Não sei	302	27,9%
Não	30	2,8%
Total	1.084	100,0%

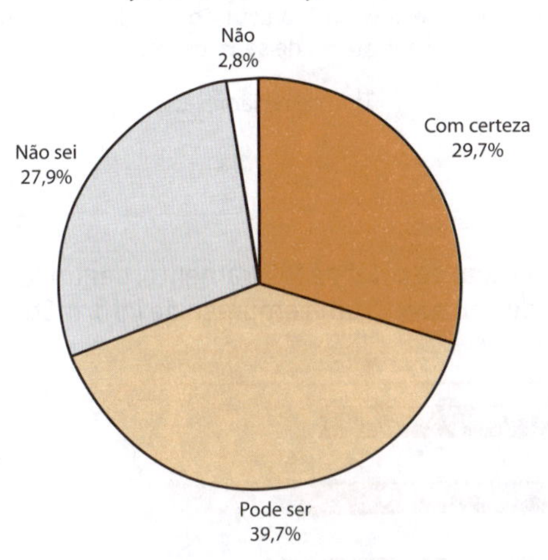

7.

Diagrama de ramo e folhas para a distribuição do tempo de duração, em horas, de lâmpadas

5	9														
6	1	2	3	3	3	4	4	5	6	7	7	8	8	9	
7	1	2	2	3	3	3	3	4	5	6	6	6	7	7	9
8	0	1	2	2	3	3	4	5	5	7	9	9	9		
9	1	2	2	3	4	6									
10	2														

8.

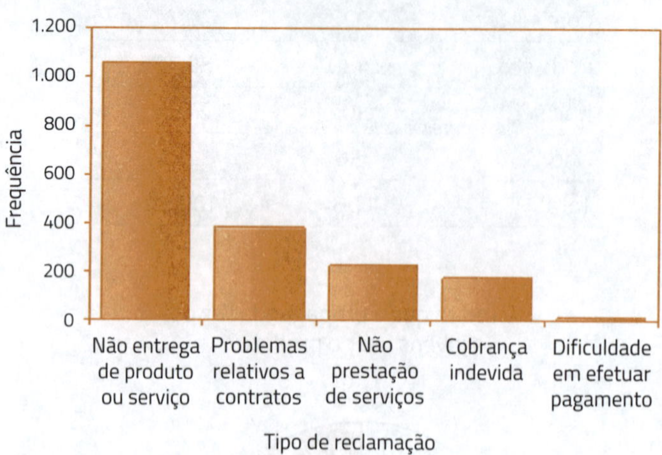
Reclamações em relação a uma companhia telefônica
1.200
1.000
800
600
400
200
0
Frequência
Não entrega de produto ou serviço
Problemas relativos a contratos
Não prestação de serviços
Cobrança indevida
Dificuldade em efetuar pagamento
Tipo de reclamação

9.

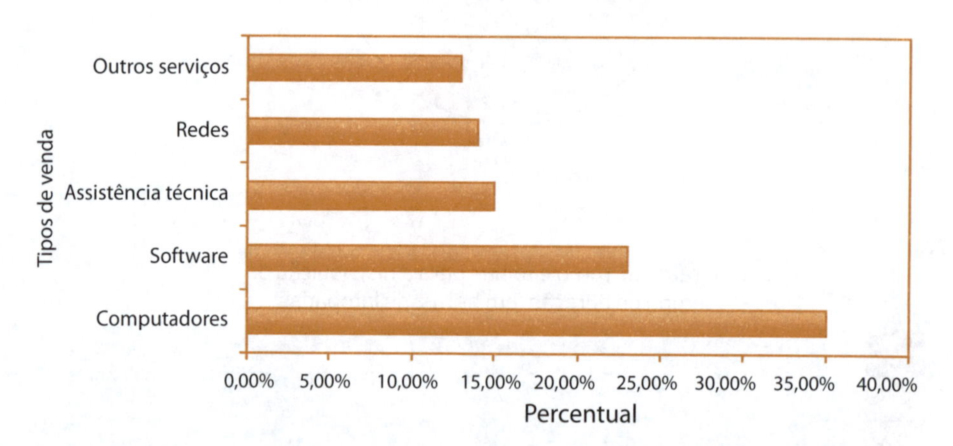
Percentual do total de faturamento, segundo o tipo de venda, em uma empresa de informática
Outros serviços
Redes
Assistência técnica
Software
Computadores
Tipos de venda
0,00%
5,00%
10,00%
15,00%
20,00%
25,00%
30,00%
35,00%
40,00%
Percentual

Percentual do total de faturamento, segundo o tipo de vendas, em uma empresa de informática

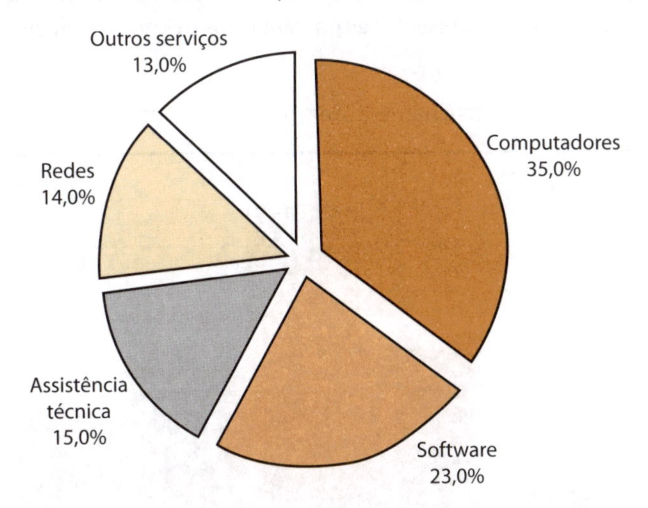

10.

Principal causa do sucesso de uma empresa, segundo pequenos empresários

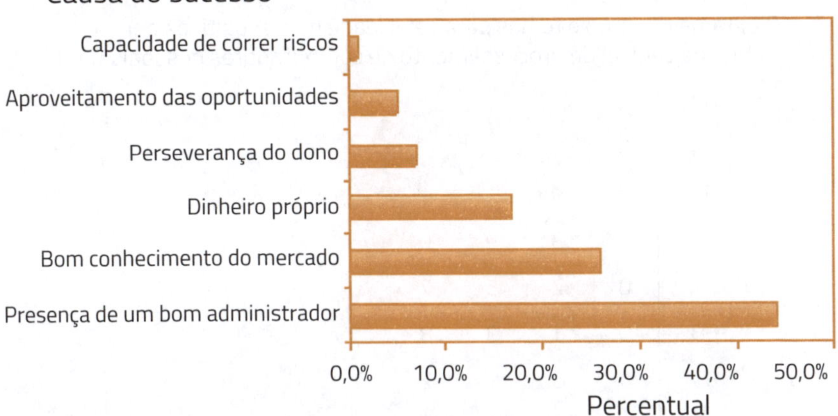

11.

a) Um gráfico de setores pode ser usado para apresentar dados qualitativos.

b) No histograma não devem existir espaços entre as barras.

c) Pode ser usado um histograma para apresentar graficamente dados quantitativos.

12.

a) A soma de todas as frequências relativas de uma distribuição é igual a 1. *Verdadeiro.*

b) O histograma pode ser usado para apresentar dados nominais. *Falso*

13. Faça um gráfico retangular de composição com dois retângulos: um deve apresentar as porcentagens de miçangas pequenas e o outro as porcentagens de miçangas grandes. Cada retângulo deve apresentar as porcentagens de cada cor de miçangas.

14.

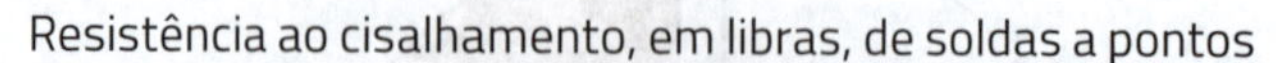

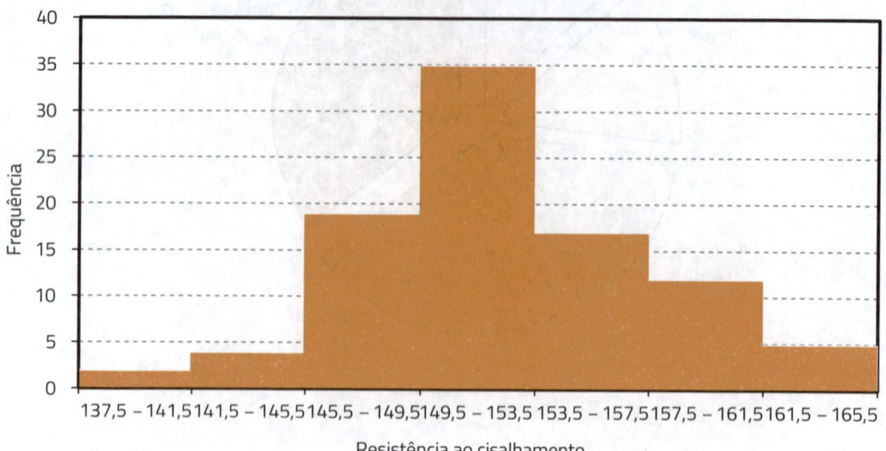

15.

Diagrama de ramo e folhas para velocidade de dispositivos para a unidade central de processamento de computadores pessoais

Ramo	Folhas							
63	4							
64	9							
65	8	9						
66	0	3	9	9				
67	0	2	5	7				
68	0	1	3	8				
69	0	0	0	2	4	6	8	9
70	0	1	2	4				
71	0	8	9					
72	0	1	2					
73	5							

Chave: 63|4 significa 634.

O diagrama de ramo e folhas mostra uma distribuição simétrica. A porcentagem de dispositivos com velocidade maior que 700 megahertz é 20%.

16.

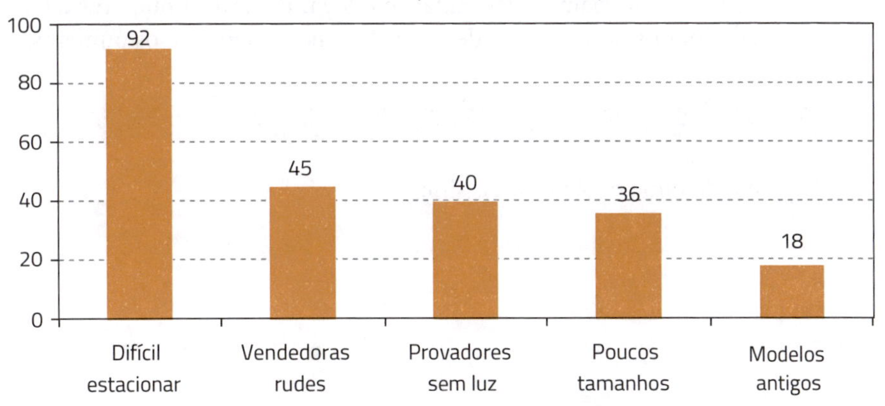

17. Tempo de espera, em minutos, dos pacientes para ser atendidos em um consultório médico que atende com hora marcada

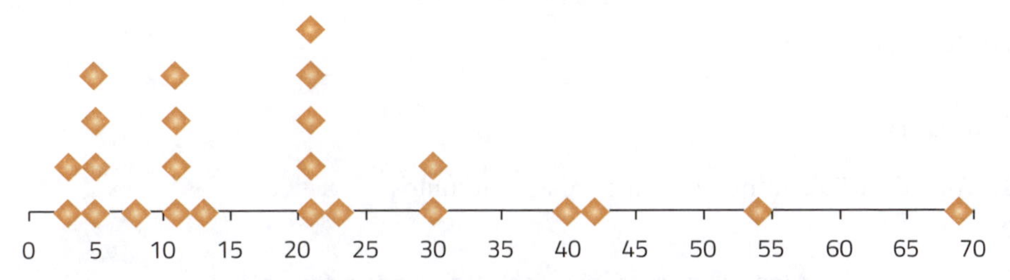

Parece razoável esperar 15 ou 20 minutos, mas além de meia hora é abuso ou falta de organização.

18.

Distribuição dos rendimentos de 200 funcionários, em salários mínimos

Rendimentos	Frequência
0 ⊢ 2	6
2 ⊢ 4	38
4 ⊢ 6	75
6 ⊢ 8	42
8 ⊢ 10	18
10 ⊢ 12	8
12 ⊢ 14	8
14 ⊢ 16	5
	200

Recebem 10 ou mais SM: $8 + 8 + 5 = 21$

19. Se você tentar usar os centésimos, o diagrama ficará muito grande porque os dados são dispersos (com os primeiros três dígitos, você vai de 232 até 270). Muitas folhas do diagrama ficariam vazias. Então, em lugar de usar os números dados, vamos arredondar os números, até décimos. Ficamos então com os números:

23,3	24,1	24,8	24,8	25	25,3	25,6	25,9	26,3	26,3	27,1

e o diagrama de ramo e folhas fica assim:

23	3			
24	1	8	8	
25	0	3	6	9
26	3	3		
27	1			

23|3 significa 23,3

20. Resposta **d**, branca.

Capítulo 3

1. A média é 75,5 minutos e a mediana, 76 minutos.

2.

Medidas de tendência central segundo o conjunto

Conjunto	Média	Mediana	Moda
a	5	6	8
b	8	8	8
c	11	10	10
d	1	0	Não tem
e	2	1	1 e 2

3. Se você fosse o aluno em questão, escolheria a moda para representar sua competência.

Estatísticas das notas nas provas de Estatística

Estatística	Valor
Média	72,5
Mediana	80
Moda	90

4. Resposta certa: a média das idades é 7,0 anos e a mediana é 6,5.
5. Para calcular a margem média de lucro na venda de produtos artesanais, o revendedor precisa obter os pontos centrais, como mostra a tabela a seguir:

Margens de lucro, em termos de percentual do valor de compra

Classe	Ponto central	Frequência
15|–25	20	30
25|–35	30	45
35|–45	40	150
45|–55	50	45
55|–65	60	30

A média é obtida pela fórmula:

$$\bar{x} = \frac{20 \times 30 + 30 \times 45 + 40 \times 150 + 50 \times 45 + 60 \times 30}{30 + 45 + 150 + 45 + 30} = \frac{12.000}{300} = 40$$

ou seja, a margem de lucro foi, em média, de 40%.

6. A mediana do número de acidentes fatais é 18. Nos anos 2003, 2004 e 2006 o número de acidentes fatais foi muito acima da expectativa dada pela mediana.
7. A moda.
8. Para calcular o preço médio é preciso ponderar cada preço praticado (x) pela frequência (f) com que foi praticado, somar e dividir a soma pelo total de ponderações. Veja na tabela:

Preços x	Frequência f	xf
2	12	24
3	10	30
6	8	48
Total	Σf=30	Σxf = 102

A média é obtida dividindo 102 por 30, que resulta em 3,40, ou aplicando a fórmula:

$$\bar{x} = \frac{2 \times 12 + 3 \times 10 + 6 \times 8}{12 + 10 + 8} = \frac{102}{30} = 3,40$$

9. Portanto, o preço médio do distintivo, na manhã, foi R$ 3,40.

10. A média é 2,2 filhos em idade escolar. A porcentagem de funcionários com mais filhos do que a média é 35%.

11. Quando os dados estão apresentados em uma tabela de distribuição de frequências, para calcular a *média* é preciso ter os pontos centrais das classes. Mas, a última classe da tabela inclui todos os jogadores que têm salários maiores do que 20 mínimos, sem apresentar um extremo superior. Para poder fazer os cálculos, vamos fixar um valor arbitrário de 60 salários-mínimos para o extremo superior da última classe. É verdade que alguns jogadores têm salários bem maiores do que 60 mínimos. O valor fixado para o extremo superior não tem, contudo, maior importância, porque jogadores com salários maiores do que 60 mínimos são relativamente poucos, isto é, o percentual deles é pequeno.

Para calcular a média, é preciso multiplicar cada ponto central pela respectiva frequência, somar tudo e dividir pelo número de jogadores. São 16.344 jogadores que receberam a soma de 52.016 salários mínimos, conforme mostra a tabela dada a seguir. Portanto, a média é 3,18 salários-mínimos.

Cálculos intermediários para calcular a média dos salários dos jogadores de futebol brasileiros

Nº de salários-mínimos	Ponto central ($x*$)	Nº de jogadores (f)	x^*f
Até um	0,5	8.638	4.319,0
De um a dois	1,5	4.987	7.480,5
De dois a cinco	3,5	1.289	4.511,5
De cinco a dez	7,5	436	3.270,0
De 10 a 20	15	293	4.395,0
Mais de 20	40	701	28.040,0
Total		16.344	52.016,0

A mediana é "menos do que um salário-mínimo" porque na classe "até um salário-mínimo" está incluída mais da metade dos jogadores. A média é, portanto, maior do que a mediana. Isso acontece porque os poucos valores altos "puxam" a média para cima, mas não têm efeito sobre a mediana. Nesse caso, a mediana reflete melhor a realidade do que a média.

12.

a) Se o número de observações em um dado conjunto é par, a mediana é a média dos dois pontos centrais quando os dados estão ordenados.

b) A moda de um conjunto de dados é o valor que ocorre com maior frequência.

c) Média, mediana e moda são medidas de tendência central.

13. O peso total das pessoas é 359 kg, inferior à capacidade máxima. Só as médias permitem chegar a esse total, porque o peso médio das pessoas, multiplicado pelo número delas, fornece a soma (no caso, para mulheres $3 \times 65 = 195$ kg e para homens, $2 \times 82 = 164$ kg). Essas quantidades foram somadas.

14. O tempo médio de travessia foi 17,55 s, mas 41,7% dos idosos não teriam atravessado a rua com tranquilidade no tempo dado pelo semáforo.

15. Média, 501,7 h; mediana, 500 h; moda 498 h.

16. Média, 495,3 h; mediana, 494,5 h; moda 492 h. Parece melhor não mudar o fornecedor.

17. Registrados errado 35 itens não conformes, em lugar de 10.

18.

Número de irmãs: a

Número de irmãos: b

$$\begin{cases} a+b=9 \\ \dfrac{38a+29b}{9}=33 \end{cases}$$

Donde:

$$\begin{cases} a=9-b \\ \dfrac{38a+29b}{9}=33 \end{cases}$$

$$38(9-b)+29b=33\times 9=297$$

$$342-38b+29b=297$$

$$b=5$$

$$a=9-5=4$$

Idade do irmão mais velho: X

$$\frac{4\times 38+X}{5}=39 \quad \text{Donde } X=43$$

19.

Notas de um professor que se submeteu de um processo seletivo

Avaliador	Conhecimentos	
	Específicos	Pedagógicos
A	18	16
B	17	13
C	14	1
D	19	14
E	16	12

A média é 14, ou seja, a soma das notas é 140. A nota mais alta (19) e a mais baixa (1) somam 20. Subtraindo 20 de 140, tem-se 120, que dividido por 8 (agora são 8 notas) dá 15. Então a média aumentou um ponto (resposta **b**).

20. As médias são respectivamente:

220	210	225	230	205

As maiores médias estão em azul. Resposta (**d**).

Capítulo 4

1.

a) o mínimo = 1;

b) o máximo = 5;

c) a amplitude = 4.

2.

a) Rx = 35

b) $\Sigma(x - \overline{x})^2 = 22$

Cálculos intermediários

x	$x - \overline{x}$	$(x - \overline{x})^2$
3	−2	4
8	3	9
5	0	0
5	0	0
4	−1	1
3	−2	4
7	2	4
$\Sigma x = 35$	$\Sigma(x - \overline{x}) = 0$	$\Sigma(x - \overline{x})^2 = 22$

3.

Número de alunos em sala de aula, segundo o horário

Horário	Média	Desvio padrão
Início da aula	8	7,0
Término da aula	23	1,7

O número de alunos que já estão em sala de aula no horário estabelecido é pequeno (praticamente 1 de cada 3 alunos matriculados) e a variabilidade é alta.

4.

a) Estimativa do tempo de cada trabalhador para fabricar o produto:

Para o trabalhador A: 33,14 minutos. Para o trabalhador B: 34,57 minutos.

b) A amplitude das duas subtarefas para cada trabalhador:

Para o trabalhador A: Subtarefa 1: 13 minutos. Subtarefa 2: 2 minutos.

Para o trabalhador B: Subtarefa 1: 3 minutos. Subtarefa 2: 6 minutos.

c) Maior variabilidade para o trabalhador A subtarefa 1.

5.

Estatísticas das médias obtidas no exame vestibular por candidatos dos períodos diurno e noturno de diversos cursos em determinado ano

Estatísticas	Período	
	Diurno	Noturno
Média	47,5	45,4
Desvio padrão	9,3	9,4

As notas dos alunos do diurno são, em média, melhores do que as do noturno dessa mesma universidade.

6.

Número de chamadas de 30 funcionários por turno

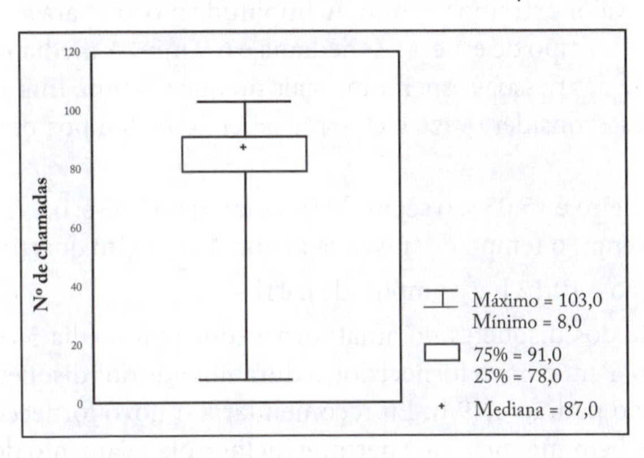

7.

Estatísticas para o diâmetro de discos para computador

Estatística	Valor
Mediana	4,74
Amplitude	0,04
1º quartil	4,72
3º quartil	4,75

8. Acrescentar valor igual à mediana não muda as estatísticas calculadas, mas mudam outras estatísticas, como média e desvio padrão.

9.

a) A variância *não* pode ser negativa.

b) A variância pode ser menor do que o desvio padrão; por exemplo, se a variância for 0,04, o desvio padrão será 0,2.

c) O desvio padrão pode ser igual a zero, desde que todos os dados sejam iguais entre si.

10. Maior desvio padrão significa maior risco.

11.

a) Existem três quartis em um conjunto de dados.

b) A amplitude é uma medida de dispersão.

c) O terceiro quartil corresponde ao 75º percentil.

12.

a) O 50º percentil corresponde à mediana. *Verdadeiro.*

b) Um dado discrepante afeta o valor da variância. *Verdadeiro.*

13. Valor mínimo é 0,6 min.; valor máximo é 10,7min.; amplitude é 10,1 min., muito afetada pelo valor extremo 0,6 min. A amplitude mostra para a empresa muita variabilidade no tempo de espera. A mediana é 6,9 min. A mediana informa que mais da metade das pessoas esperaram mais do que 6,9 min. Importante é saber o que a empresa considera razoável, para saber se os tempos de espera foram adequados.

14. Quartis: o primeiro é 15,05 s; o segundo (mediana) é 17,55 s; o terceiro é 21,05 s. Três idosos tiveram o tempo de travessia acima do terceiro quartil.

15. O desvio padrão é 10,12 h e a amplitude é 41h.

16. A durabilidade dos disquetes do atual fornecedor tem média 501,7 h e desvio padrão 10,12 h. Para o novo fornecedor, a durabilidade dos disquetes tem média 495,3 h e desvio padrão 4,49 h. Eu recomendaria o novo fornecedor, porque a variabilidade é bem menor, o que permite melhor planejamento do trabalho.

17. A média é 1,527 Mpa, o valor mínimo é 1,36 MPa e o desvio padrão é 0,124 MPa. Os valores encontrados atendem à norma, pois a média é superior a 1,5 MPa e os valores individuais são superiores a 1,3 MPa.

18. Resposta certa é **d**: 3,5 minutos.

19. Resposta certa é **a**: 5%.

Antes da entrada dos dois novos funcionários

$$\bar{x} = \frac{\sum x_a}{38} = 32 \quad \rightarrow \sum x_a = 38 \times 32 = 1.216$$

$$s^2 = \frac{\sum x_a^2 - \frac{\left(\sum x_a\right)^2}{38}}{38} = 4^2 = 16$$

$$\frac{\sum x_a^2 - \frac{(1.216)^2}{38}}{38} = 16 \rightarrow \sum x_a^2 = 39.520$$

Depois da entrada dos dois novos funcionários

$$\sum x_d = \sum x_a + 32 + 32 = 1.216 + 32 + 32 = 1.280$$

$$\sum x_d^2 = \sum x_a^2 + 32^2 + 32^2 = 39.520 + 32^2 + 32^2 = 41.568$$

$$s_d^2 = \frac{4.1568 - \frac{(1.280)^2}{40}}{40} = 15,2$$

Diferença das variâncias → 16 −15,2 = 0,8, que em relação à variância original é

$$\frac{0,8}{16} \times 100 = 5\%.$$

20. 1º quartil = 53,1 mg/l; mediana = 56,4 mg/l; 3ºquartil = 66,5 mg/l.

Acima do 3º quartil: 67,3;67,3;68,7.

Capítulo 5

1.

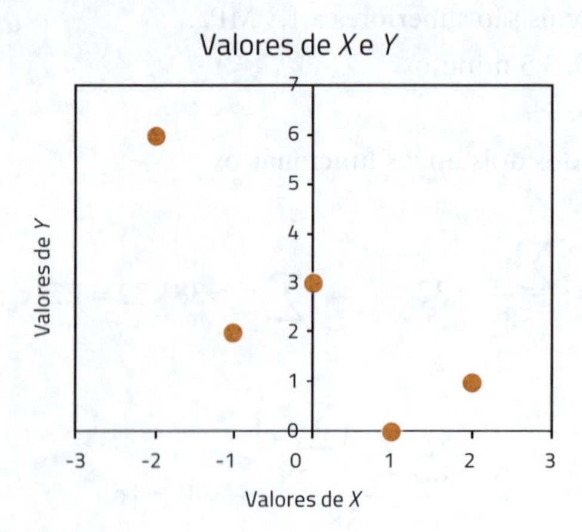

2.

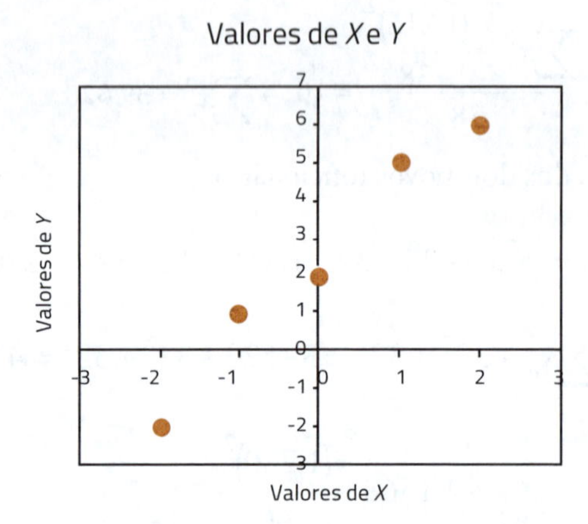

3.

Gastos, em dólares, com propaganda e aumento de número de itens vendidos

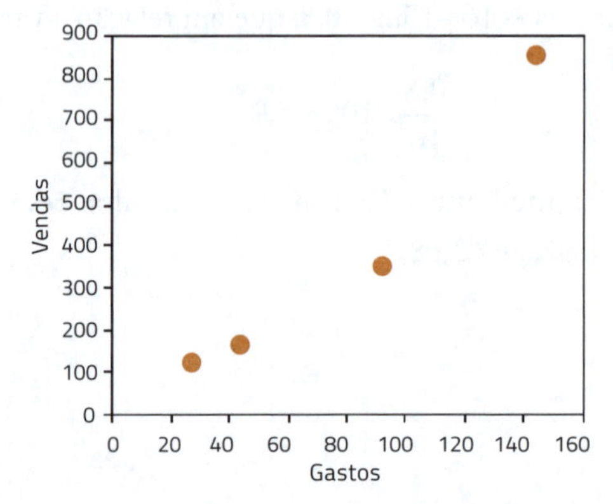

O aumento de vendas está relacionado com o aumento de gastos em propaganda.

4. Espera-se:

a) Correlação negativa.

b) Correlação positiva.

c) Correlação negativa.

d) Correlação nula.

5. O gráfico de linhas mostra a relação linear entre a distância percorrida e o preço das passagens aéreas.

Preços das passagens aéreas, em dólares, e respectivas distâncias, em milhas

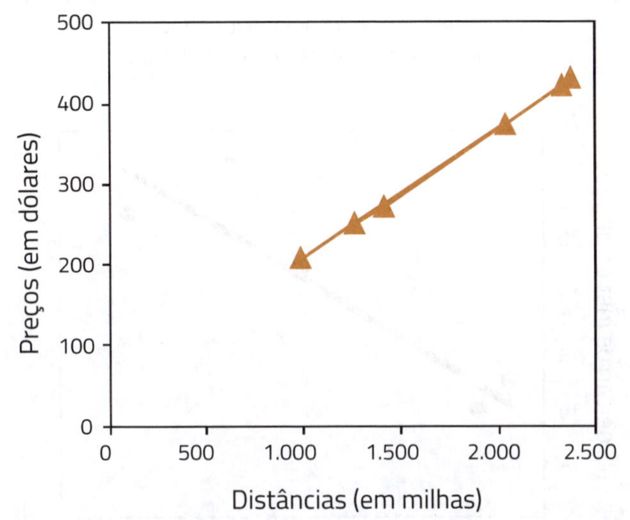

6. O gráfico de linhas mostra que o escore no teste de desempenho aumenta linearmente em função dos dias de treinamento.

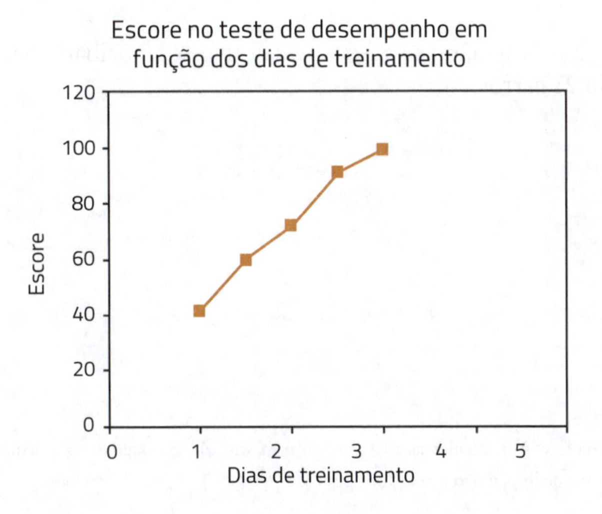

7.

a) $r = 1$: correlação perfeita positiva.

b) $r = -1$: correlação perfeita negativa.

c) $r = 0$: correlação nula.

d) $r = 0{,}90$.

e) $r = -0{,}90$: correlação negativa forte.

8. O coeficiente de correlação para o Exercício 1 é – 0,8241 e, para o Exercício 2, é 0,9853.

9.

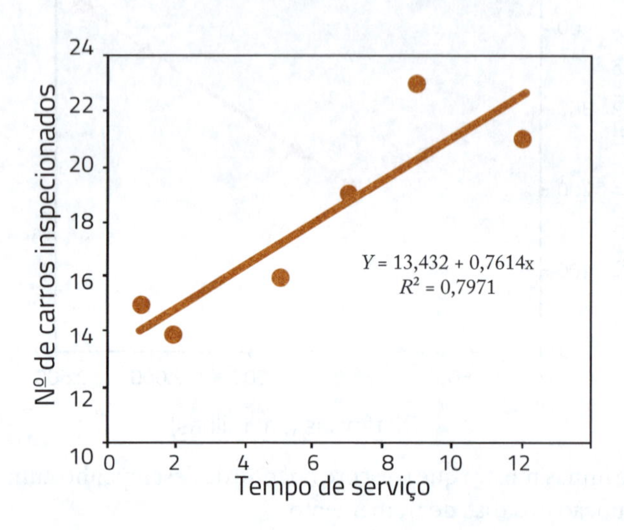

Para $X = 10$, $Y = 21{,}046$, ou seja, se a pessoa tivesse trabalhado dez meses, teria inspecionado 21 carros.[1]

1 Aqui não foi abordado como calcular as margens de erro, ou seja, os estatísticos calculariam, ainda, um intervalo para o número pedido, e não apenas um ponto.

10.

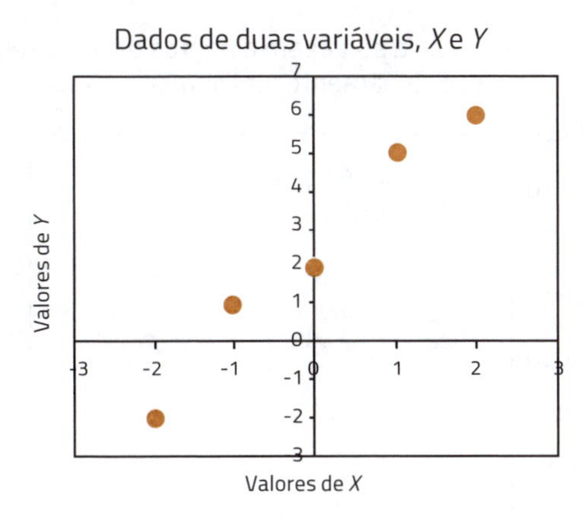

A reta de regressão é $Y = 5 - X$.

11.

a) Coeficiente de correlação com valor igual a –1 indica correlação perfeita negativa entre as variáveis.

b) Uma correlação negativa entre X e Y indica que os valores maiores que X estão associados com valores menores que Y.

c) Você espera correlação *negativa* entre a idade de um computador e o valor para revenda.

12.

a) Correlação positiva entre X e Y indica que os valores maiores que X estão associados com valores maiores que Y. *Verdadeiro.*

b) Causa e correlação explicam o mesmo conceito. *Falso.*

13. A quantidade de reagente explica em 80% o valor da quantidade medida do precipitado.

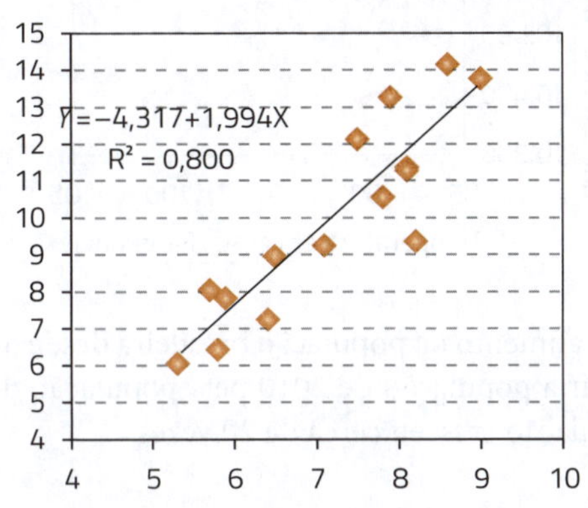

14.

Diâmetro, em polegadas, da soldagem a pontos de aço e resistência ao cisalhamento (em libras)

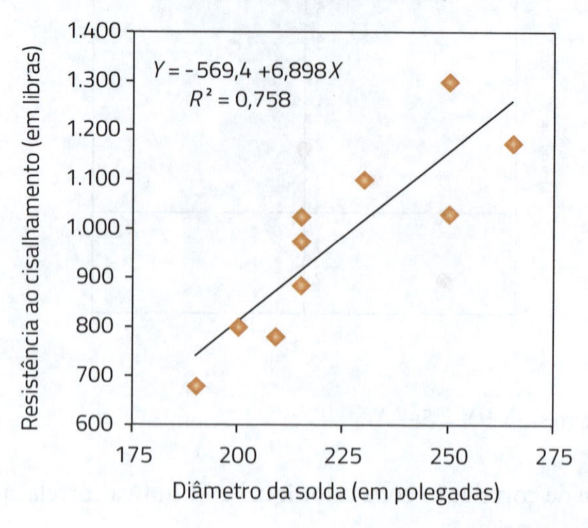

15. O coeficiente de correlação é 0,269. De qualquer modo, a conclusão não é suficiente para dizer que mudanças na temperatura não afetem o consumo de energia. Os dados são poucos (10 pares) em um intervalo muito pequeno, tanto das medidas como do calendário (férias, eventos na cidade etc.).

Temperatura e energia elétrica usada

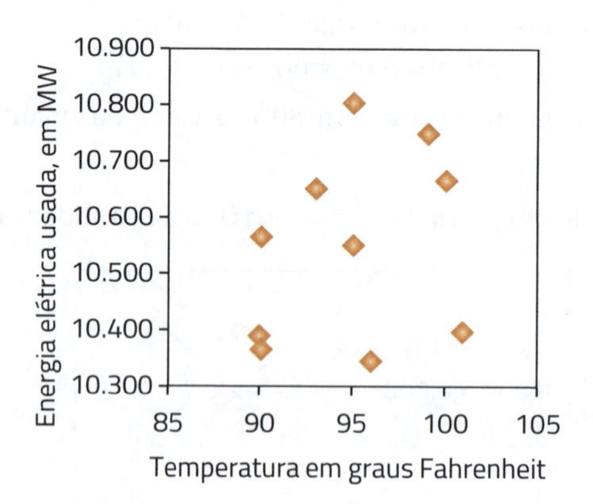

16. Houve considerável aumento da população brasileira desde o primeiro censo até 2010. Se você dividir a população de 2010 pela população de 1872, encontrará 19,2, ou seja, a população cresceu cerca de 20 vezes.

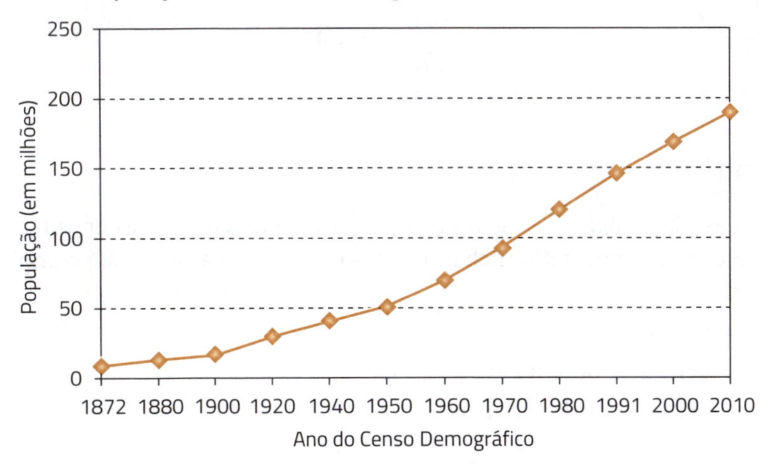

17. Determinações muito exatas. A quantidade de zinco encontrado está quase totalmente explicada pela quantidade de zinco dissolvido. Sempre há erros de medida.

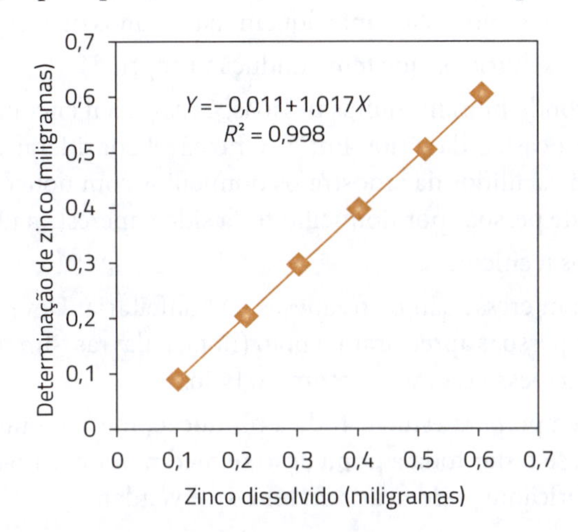

18. b) Certo

19.

x	y	x	y	xy
5	25	25	625	125
3	20	9	400	60
4	21	16	441	84
10	35	100	1.225	350
15	38	225	1.444	570
37	139	375	4.135	1.189

$$r = \frac{802}{827,72} \cong 0,97$$

20. Resposta **e**.

Capítulo 6

1. Escreva as 12 primeiras letras do alfabeto em fichas, coloque-as em uma urna, misture bem e depois retire fichas ao acaso, uma após a outra, até completar a amostra.

2. Podem ser selecionados:

a) os elementos de ordem par;

b) os elementos de ordem ímpar.

3.

a) Alunos da universidade;

b) Percentual de alunos que têm trabalho remunerado;

c) Não, porque talvez no restaurante fiquem mais alunos que têm trabalho;

d) Não, porque excluiria os que têm condução própria.

4. Nos domicílios onde moram muitas pessoas, é mais fácil encontrar pelo menos uma pessoa por ocasião da visita. Então, é razoável considerar que é mais provável terem sido excluídos da amostra os domicílios com poucos moradores. O número médio de pessoas por domicílio teria sido superestimado.

5. Leitores de livros técnicos.

6. A população de interesse são os fregueses da confeitaria. Deve ser levantado o grau com que as pessoas apreciaram o bolo (nota, palavras, sim ou não). Interessa a proporção de pessoas que gostaram do bolo.

7. Levaria muito tempo para estudar toda a produção, mesmo que fosse só de um dia; ficaria caro; se testar toda a população (e medir, por exemplo, força de cisalhamento), o fabricante pode ficar sem ter o que vender.

8.

a) Qualquer conjunto de 10 unidades: por exemplo: 3; 5; 8; 13; 19; 22; 26; 27; 30; 40.

b) No caso da amostra sugerida na resposta anterior: 0,3 ou 30%.

c) 0,5 ou 50%.

d) Boa (nota: não são boas as estimativas 0; 0,1; 0,9; 1).

9.

a) Média, mediana, moda, máximo e mínimo, amplitude, desvio padrão dos salários;

b) Seria razoável não se ater ao máximo, veja o mínimo e tenha em mente a média.

10. Todos os eleitores do Estado de São Paulo. Estratificação dos eleitores por sexo, idade, escolaridade, nível de renda.

11.

a) Parâmetro é uma característica da população.

b) Se todos os elementos da população foram observados, foi feito censo.

c) Amostra é todo subconjunto de unidades retiradas de uma população para obter a informação desejada.

12.

a) Amostra é o conjunto de todos dados possíveis sobre um dado assunto. *Falso.*

b) Estatística é uma característica da população. *Falso.*

13. Estariam assistindo o jogo os alunos que se interessam por futebol, além de outras pessoas, como amigos, namoradas, pais, professores. A opinião expressa por essa amostra seria, provavelmente, tendenciosa.

14. Se interessar ao reitor a opinião dos alunos, seria correto proceder à coleta de uma amostra aleatória de alunos usando os números de matrícula.

15. Em muitas casas, todos os moradores têm atribuições nesse horário, como trabalho, estudo, compras, escola etc. Podem estar em casa: idosos, aposentados, mães de filhos pequenos e outros que constituem parte de uma população.

16.

Distribuição do número de assinantes por operadora

Operadora	N° de assinantes (em milhares)	Porcentagem
A	15	21,43%
B	25	35,71%
C	30	42,86%
Total	70	100,00%

Para A, 21,43% de 400, ou seja, 86 (resposta **a**).

17.

Distribuição das cobaias pelos biotérios de cinco faculdades e tamanho das amostras

Faculdade	N° de cobaias	Proporção	Amostra
A	20	0,1	2
B	60	0,3	6
C	20	0,1	2
D	40	0,2	4
E	60	0,3	6
Total	200	1,0	20

18. **d**) Casual, Não Casual e Casual.

19. **c**) censo e amostragem casual simples.

20. Resposta **b**, Certo.

Capítulo 7

1. A unidade experimental: um doente (todos os doentes de mesmo sexo, mesma raça, mesma faixa de idade e com hábitos semelhantes); em comparação: dose recomendada (normal) e sobredose; variável em análise: regressão (ou não) da aterosclerose; forma de designar o tratamento: o tipo de tratamento para cada pessoa (dose recomendada ou sobredose) será designado por sorteio.
2. Unidade experimental: paciente com cefaléia (todos os doentes do mesmo sexo, mesma raça, mesma faixa de idade e com habitos e queixas semelhantes); variável em análise: alívio da dor (sim ou não); em comparação: grupo tratado (analgésico) e grupo controle (placebo); forma de designar o tratamento: considerando os pacientes similares, o analgésico e o placebo, serão designados aos pacientes por processo aleatório (sorteio).
3. Unidade experimental: uma linha de milho de 10 m de comprimento; variável em análise: produção de milho em quilogramas de grão por hectare; em comparação: variedades A, B, C e D; forma de designar o tratamento às unidades: considerando uma área de terra bastante homogênea, delimitam-se as parcelas e sorteiam-se os tratamentos.
4. Unidade experimental: corpo de prova; variável em análise: dureza do concreto; em comparação: grupo tratado (com aditivo) e grupo controle (sem aditivo); forma de designar o tratamento: por sorteio, quando estiver sendo misturado o concreto para cada corpo de prova.
5. Unidade experimental: uma folha de toalha, com 30 cm de comprimento; variável em análise: resistência à ruptura; em comparação: quatro grupos, cada grupo constituído por uma das marcas em comparação; forma de designar o tratamento às unidades: será sorteada a ordem para o teste de resistência.
6. Unidade experimental: em laboratório, você teria microtubos com diferentes concentrações de sal; variável em análise: ponto de ebulição; em comparação: quatro ou cinco níveis de sal: será sorteada a ordem para o teste.
7. Unidade experimental: uma vela; variável em análise: velocidade da queima; em comparação: quatro ou cinco cores de vela; será sorteada a ordem para colocar a vela para queimar (uma por vez).
8. Unidade experimental: pacientes que têm queixas de insônia; variável em análise: tempo de latência (que demora a dormir) e tempo de sono; em comparação: dois soníferos, A e B; forma de designar o tratamento: sorteia-se os pacientes para serem submetidos aos testes.

9. Unidade experimental: paciente com a doença; variável em análise: nível de hemoglobina glicosilada no final do ensaio; em comparação: drogas A, B, C e D; forma de designar o tratamento: por sorteio.

Capítulo 8

1.

a)

Espaço amostral e probabilidades quando se jogam duas moedas

Evento	Nº de caras	Probabilidade
Cara e cara	2	¼
Cara e coroa	1	¼
Coroa e cara	1	¼
Coroa e coroa	0	¼

b) A probabilidade de ocorrer uma cara é ½.

2. A probabilidade de ocorrer um número menor do que 3 é a soma das probabilidades de ocorrer 1 e 2:

$$\frac{1}{6}+\frac{1}{6}=\frac{2}{6}=\frac{1}{3}$$

3.

a) A probabilidade de a soma dos pontos ser igual a 12 é 1/36.

b) A probabilidade de a soma dos pontos ser igual a 7 é 6/36.

Soma dos pontos obtidos no lançamento de dois dados

Primeiro dado	Segundo dado					
	1	2	3	4	5	6
1	2	3	4	5	6	7
2	3	4	5	6	7	8
3	4	5	6	7	8	9
4	5	6	7	8	9	10
5	6	7	8	9	10	11
6	7	8	9	10	11	12

4.

Pagam com cartão:

$$\frac{864}{1.728} = 0,50$$

Opção débito:

$$\frac{174}{864} = 0,2014$$

5. A probabilidade de, tomando ao acaso um aluno da escola, ele ser destro, é

$$\frac{575 - 46}{575} = \frac{529}{575} = 0,92$$

6. Cinquenta e seis dias de observação são o todo, ou 100%, que, em probabilidade, corresponde a 1. Então, faça a regra de três: se 56 corresponde a 1, 7/8 corresponde a x, em que:

$$x = \frac{7}{8} \times 56 = 49$$

Em 49 dias a pessoa encontrou uma vaga no estacionamento. Logo, não encontrou em

$$56 - 49 = 7$$

7. Usando a regra 1 da soma, você calcula a probabilidade de ocorrer bola verde e a probabilidade de ocorrer bola amarela. Depois, soma essas probabilidades.

$$P(\text{verde}) = \frac{1}{11}$$

$$P(\text{amarela}) = \frac{1}{11}$$

$$P(\text{verde ou amarela}) = \frac{1}{11} + \frac{1}{11} = \frac{2}{11}$$

8. Como um baralho tem 52 cartas, das quais 4 são reis e 13 são de copas, alguém poderia pensar que a probabilidade de sair um rei ou uma carta de copas é dada pela soma

$$P(\text{rei}) + P(\text{copas})) = \frac{4}{52} + \frac{13}{52}$$

Mas esta *resposta está errada* porque o rei de copas é tanto rei como copas. Então o rei de copas teria sido contado duas vezes – como rei e como copas. Para obter a probabilidade de sair um rei ou uma carta de copas, some as probabilidades de sair rei e sair carta de copas e subtraia a probabilidade de sair o rei de copas, contado duas vezes.

$$P(\text{rei ou copas}) = \frac{4}{52} + \frac{13}{52} - \frac{1}{52} = \frac{16}{52} = \frac{4}{13}$$

9. São números ímpares menores do que 4: 1 e 3; é ímpar maior do que 8 o número 9. Então:

$$P(1) + P(3) + P(9) = \frac{1}{10} + \frac{1}{10} + \frac{1}{10} = \frac{3}{10}$$

10. São números ímpares: 1; 3; 5; 7; 9. São múltiplos de 3: 3; 6; 9. São ímpares múltiplos de 3: 3 e 9. Temos:

$$P(\text{ímpar}) = \frac{5}{10}$$

$$P(\text{mútiplo de } 3) = \frac{3}{10}$$

Mas ímpares múltiplos de 3 são contados duas vezes. Como

$$P(\text{ímpar e múltiplo de } 3) = \frac{2}{10}$$

A probabilidade de o número ser ímpar ou múltiplo de 3 é

$$P(\text{ímpar ou múltiplo de } 3) = \frac{5}{10} + \frac{3}{10} - \frac{2}{10} = \frac{6}{10} = \frac{3}{5}$$

11. O espaço amostral é dado na tabela. As somas pares de pontos estão em laranja. É fácil ver que:

$$P(\text{soma par}) = \frac{18}{36} = \frac{1}{2}$$

Dado 1	Dado 2					
	1	2	3	4	5	6
1	2	3	4	5	6	7
2	3	4	5	6	7	8
3	4	5	6	7	8	9
4	5	6	7	8	9	10
5	6	7	8	9	10	11
6	7	8	9	10	11	12

12.

a) Espaço amostral

1ª Retirada	2ª Retirada				
	B	B	B	P	P
B	BB	BB	BB	BP	BP
B	BB	BB	BB	BP	BP
B	BB	BB	BB	BP	BP
P	PB	PB	PB	PP	PP
P	PB	PB	PB	PP	PP

b) Ambas as bolas ser da mesma cor:

$$P(\text{ambas de mesma cor}) = P(\text{ambas brancas}) + P(\text{ambas pretas})$$

$$P\left(\text{ambas de mesma cor}\right) = \frac{3}{5} \times \frac{3}{5} + \frac{2}{5} \times \frac{2}{5} = \frac{13}{25}$$

13. Probabilidade de pelo menos uma bola branca

$$P(\text{pelo menos uma branca}) = 1 - P(\text{ambas pretas})$$

$$P\left(\text{pelo menos uma branca}\right) = 1 - \frac{2}{5} \times \frac{2}{5} = \frac{21}{25}$$

14. Probabilidade $\frac{6}{36} = \frac{1}{6}$

15.

Espaço amostral

	Resultado							
Moeda 1	Cara	Cara	Cara	Cara	Coroa	Coroa	Coroa	Coroa
Moeda 2	Cara	Cara	Coroa	Coroa	Cara	Cara	Coroa	Coroa
Moeda 3	Cara	Coroa	Cara	Coroa	Cara	Coroa	Cara	Coroa

16. $P = 0{,}001 \times 0{,}001 = 0{,}000001$ ou 0,001‰.

17.

$$P\left(A \cup B\right) = P\left(A\right) + P\left(B\right) - P(A \cap B)$$

$$P\left(A \cap B\right) = P\left(A\right) + P\left(B\right) - P(A \cup B)$$

$$P(A \cap B) = \frac{2}{5} + \frac{2}{5} - \frac{1}{2} = \frac{3}{10}$$

18. A probabilidade de a turbina ou a caldeira não estar em boas condições é 0,03 + 0,02 – 0,0006 = 0,0494. Note que não é 0,03 + 0,02 = 0,05, porque a probabilidade de tanto a turbina quanto a caldeira não estar em boas condições (0,0006) teria sido somada duas vezes.

19. Dois eventos são independentes se a probabilidade de que ocorram juntos é igual ao produto das probabilidades de que ocorram em separado:

$$\boldsymbol{P(A \cap B) = P(A) \times P(B)}$$

No exercício, A = turbina avariada; B = caldeira avariada; $P(A \cap B) = 0,0006$; $P(A) = 0,03$; $P(B) = 0,02$; os eventos são independentes.

20. Ajuda desenhar:

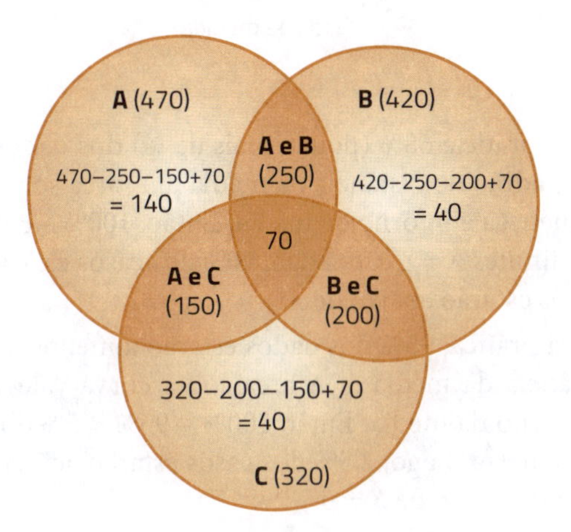

Só A = 140; só B = 40; só C = 40. Só um produto 140 + 40 + 40 = 220. Probabilidade pedida é 220/1000 = 0,22. Resposta e.

Capítulo 9

1. Média 7 e desvio padrão 0,2 (menor que o 0,4 esperado).

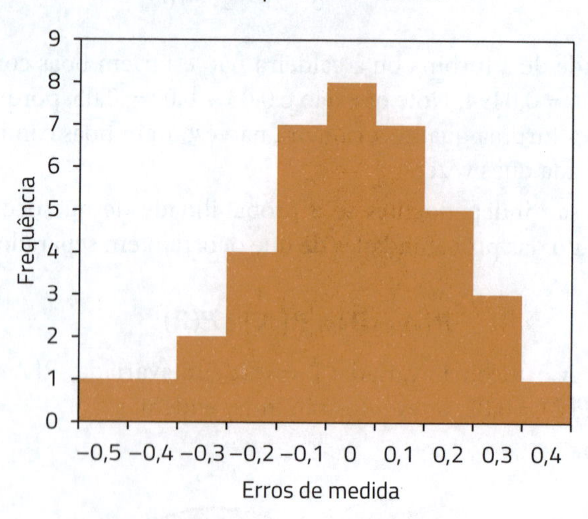

2.

a) Usando a regra prática: 68% (pouco mais de ⅔) dos dados estarão a menos de um desvio padrão de distância da média μ. A área sob a curva vale 100% e a curva é simétrica em torno da média. Então, 100% – 68% = 32% de casos estão fora dos limites $X = \mu \pm \sigma$. Logo, 16% dos casos estarão acima de $\mu + \sigma$ e 16% dos casos estarão abaixo de $X = \mu - \sigma$.

b) Usando a regra prática: 95% dos dados estarão a menos de dois desvios padrões de distância da média μ. A área sob a curva vale 100% e a curva é simétrica em torno da média. Então 100% – 95% = 5% dos casos estão fora dos limites $X = \mu \pm \sigma$. Logo, 2,5% dos casos estarão acima de $\mu + 2\sigma$ e 2,5% dos casos estarão abaixo de $X = \mu - 2\sigma$.

3. Usando a regra prática: 68%.

4. A quantidade de hemoglobina por 100 ml de sangue em homens é uma variável aleatória com distribuição normal de média $\mu = 16$g e desvio padrão $\sigma = 1$g. Usando a regra empírica: 95% dos homens têm quantidade de hemoglobina entre $16 \pm 2 \times 1$, ou seja, entre 14 e 18. A probabilidade pedida é $95 \div 2 = 47{,}5\%$.

5. 90% dos dados estão a uma distância da média de $\pm\ 1{,}64\sigma$. Então 5% dos dados são iguais ou menores do que $\mu - 1{,}64\sigma$. Logo, 5% dos dados são iguais ou menores do que $400 - 1{,}64 \times 20 = 367{,}2$.

6. 95% dos dados estão a uma distância da média de $\pm\ 2\sigma$. Média mais dois desvios padrões é $80 + 2 \times 10 = 100$; então 2,5% dos ginastas levantam mais de 100 kg.

7. O histograma de frequências não lembra a distribuição normal. É assimétrica, com muitos valores baixos.

Distribuição de frequências da tensão em volts da energia elétrica recebida em uma sala de máquinas

Classe	Frequência
108 ⊢112	8
112 ⊢116	7
116 ⊢120	2
120 ⊢124	2
124 ⊢128	5
128 ⊢132	1
Total	25

Histograma para a tensão em volts da energia elétrica recebida em uma sala de máquinas

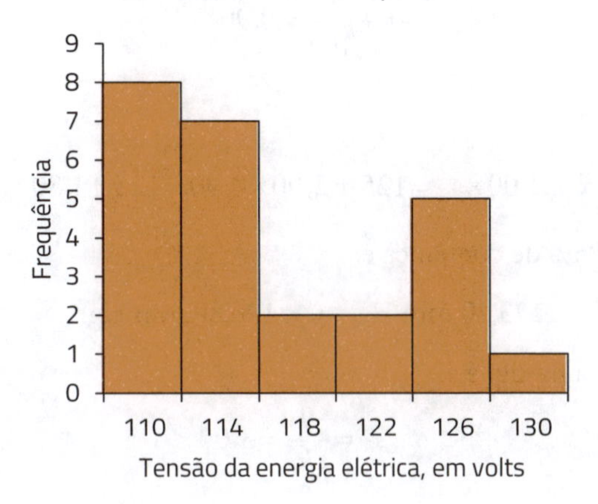

8. Usando a regra empírica, a proporção de pessoas com quociente de inteligência acima de 130 é 2,5%.

9. Afirmativa **c**.

10. É diagnosticada como tendo osteopenia.

11. Resposta **c**

12. Resposta **a**

Capítulo 10

1. O intervalo de confiança é dado por

$$\bar{x} \pm t_{n-1;\,1-\alpha} \frac{s}{\sqrt{n}}$$

$$\bar{x} \pm 2{,}66 \times \frac{s}{\sqrt{n}} = 23{,}5 \pm 2{,}6 \times \frac{3{,}0}{\sqrt{61}} = 23{,}5 \pm 0{,}131$$

$$23{,}5 - 0{,}131 = 23{,}369$$

$$23{,}5 + 0{,}131 = 23{,}631$$

O intervalo de 99% de confiança para a média de idade dos alunos é

$$23{,}4 < \mu < 23{,}6$$

2. Se a amostra for pequena e a variabilidade for alta, pode acontecer de o limite inferior ser zero ou até mesmo negativo, o que não tem sentido biológico. O problema é que no cálculo do intervalo de confiança não se leva em conta qualquer informação sobre a média da população, apenas os dados da amostra.
3.

$$s_{\bar{x}} = \frac{9}{\sqrt{100}} = 0{,}90$$

Tomando $t = 2{,}00$:

$$\bar{x} \pm 2{,}00 \times s_{\bar{x}} = 125 \pm 2{,}00 \times 0{,}90 = 125 \pm 1{,}80$$

O intervalo de 95% de confiança é:

$$123{,}20 \text{ mm Hg} < \mu < 126{,}80 \text{ mm Hg.}$$

4. O erro padrão da média é

$$s_{\bar{x}} = \frac{9}{\sqrt{9}} = 3{,}00$$

Ao nível de 95% confiança e com $n = 9$ (são 8 graus de liberdade), $t = 2{,}31$. Então:

$$\bar{x} \pm 2{,}00 \times s_{\bar{x}} = 125 \pm 2{,}31 \times 3{,}00 = 125 \pm 6{,}83$$

O intervalo de 95% de confiança é:

$$111{,}07 \text{ mm Hg} < \mu < 131{,}93 \text{ mm Hg.}$$

5. A amplitude do intervalo de confiança dá ideia de quão incertos estamos sobre o valor do parâmetro que desconhecemos. O valor da média da amostra tende ao valor da média verdadeira quando n tende para o infinito. Então, aumentar a amostra faz diminuir o erro padrão da média (você divide o desvio padrão por $\sqrt{n}$). Logo, aumentar a amostra faz diminuir a amplitude do intervalo de confiança.
6. Resposta **a.**
7. Resposta **b.**

8. O intervalo de 90% de confiança para μ é

$$\bar{x} \pm 1,66 \times \frac{8}{\sqrt{100}} = 123 \pm 1,66 \times 0,8 = 123 \pm 1,328$$

$$121,672 < \mu < 124,328.$$

9. O intervalo de 90% de confiança para μ é $48,95 < \mu < 51,05$.

10. O erro padrão da média é

$$s_{\bar{x}} = \frac{4,84}{\sqrt{16}} = 1,21$$

Ao nível de 95% confiança:

$$\bar{x} \pm 2,131 \times 1,21 = \bar{x} \pm 2,578$$

As margens de erro do intervalo de 95% de confiança são 2,578 para mais ou para menos.

11. Resposta **a**. Veja: o intervalo de confiança é dado por

$$\bar{x} \pm z\frac{\sigma}{\sqrt{n}}$$

1ª amostra: n = 256; σ = 100; [890,75; 990,25]

$$\sigma_{\bar{x}} = \frac{100}{\sqrt{256}} = 6,25$$

Sistema de duas equações do 1º grau com duas incógnitas:

$$\begin{cases} \bar{x} - 6,25z = 890,75 \\ \bar{x} + 6,25z = 909,25 \end{cases}$$

Somando, vem:

$$2\bar{x} = 1.800$$

Então: $\bar{x} = 900$

Como $900 + 6,25z = 909,25$

$$z = \frac{909,25 - 900}{6,25} = 1,48$$

2ª amostra: $n = 400; \bar{x} = 905; \sigma = 100.$

$$\sigma_x = \frac{100}{\sqrt{400}} = 5$$

O intervalo de confiança é dado por

$$\bar{x} \pm z\sigma_{\bar{x}} = 905 \pm 1{,}48 \times 5$$

$$[912{,}4;\ 897{,}6]$$

12. Resposta **b**. Veja: o intervalo de confiança é dado por

$$\bar{x} \pm z\frac{\sigma}{\sqrt{n}}$$

$$\bar{x} = 2{,}7$$

1ª amostra: $$\sigma_{\bar{x}} = \sqrt{\frac{\sigma^2}{n}} = \sqrt{\frac{9}{4}} = 1{,}5$$

$$2{,}7 + 1{,}5\,z = 5{,}64 \quad \therefore \quad z = 1{,}96$$

2ª amostra: $$\sigma_{\bar{x}} = \sqrt{\frac{\sigma^2}{n}} = \sqrt{\frac{9}{400}} = 0{,}15$$

$$2{,}7 - 1{,}96 \times 0{,}15 = 2{,}406$$

$$2{,}7 + 1{,}96 \times 0{,}15 = 2{,}994$$

Capítulo 11

1. H_0: medo de viajar de avião não está associado com partida ou chegada
H_1: medo de viajar de avião está associado com partida ou chegada
$\chi^2 = 48{,}24$; rejeita-se H_0 ao nível de 1%.
A hipótese da nulidade é a de que medo de viajar de avião não está associado com partida ou chegada, mas o valor de χ^2 sem correção de continuidade é 8,30, p-valor 0,0040. Portanto, a hipótese da nulidade *foi rejeitada*. Existe associação. Passageiros revelam mais medo ao chegar.

2. H_0: Ter gripes independe de ter sido vacinado
H_1: Vacinação está associada à incidência de gripes
$\chi^2 = 48{,}24$; rejeita-se H_0 ao nível de 1%.

3. H_0: etiologia da fratura de face independe do sexo
H_1: existe associação entre sexo e etiologia da fratura

$\chi^2 = 3{,}30$; não se rejeita H_0 ao nível de 5%.

4. H_0: A fração de não conformes é a mesma nos dois turnos
H_1: A fração de não conformes é diferente nos dois turnos

Fração de itens não conformes segundo o turno

Turno	Conformes		Total	Fração
	Sim	Não		
Dia	587	45	632	0,0712
Noite	501	41	542	0,0756
Total	1.088	86	1.174	

$\chi^2 = 0{,}0849$; não se rejeita-se H_0 ao nível de 5%.

5. H_0: A fração de não conformes é a mesma nos dois meses
H_1: A fração de não conformes é diferente nos dois meses

Fração de não conformes segundo o mês em que os itens foram produzidos

Mês	Não conformes		Total	Fração
	Sim	Não		
Julho	1164	36	1200	0,0300
Agosto	975	25	1000	0,0250
Total	2139	61	2200	

$\chi^2 = 0{,}506$; não se rejeita H_0 ao nível de 10%.

6. A hipótese da nulidade é a de que prevalência de sobrepeso não está associada à geração. O valor de χ^2 sem correção de continuidade é 24,21, p-valor = 0,0000. A segunda geração apresentou prevalências elevadas de sobrepeso, significativamente maiores do que a primeira.

7. Hipótese da nulidade: a probabilidade de dormir mais de 8 horas é a mesma para as duas faixas de idade; hipótese alternativa: a probabilidade de dormir mais de 8 horas é diferente para as duas faixas de idade; ao nível de 1% de significância; $\chi^2 = 22{,}26$; portanto, rejeita-se H_0.

8. Errado

9. Resposta **d.**

10. O valor de quiquadrado é 4,102, significante ao nível de 5%. Mais mulheres do que homens se disseram dispostas ao trabalho voluntário, mas em ambos os sexos a disposição foi menor do que 50%.

Capítulo 12

1.

Candidatos por vaga nos cursos mais concorridos de uma universidade

Curso	Índice
Publicidade	98,6
Turismo	140,2
Fisioterapia	89,0
Editoração	
Jornalismo	121,6

Índices tomando o ano 1 como base

2. Índice relativo de quantidade tomando julho como data base: 134, ou seja, o posto aumentou a quantidade vendida em 34%.

3. Índice relativo de preço tomando o primeiro ano como data base: 115, o preço no segundo ano aumentou 15% em relação ao ano anterior.

4. Índice relativo de preço tomando o segundo ano como data base: 87, ou seja, 87% do valor do segundo ano. No ano anterior, o preço era 13% menor.

5.

Índices de quantidades vendidas de dois produtos, em determinada região, em quatro anos consecutivos

Ano	Produto	
	A	B
1	100	100
2	133	129
3	167	114
4	167	100

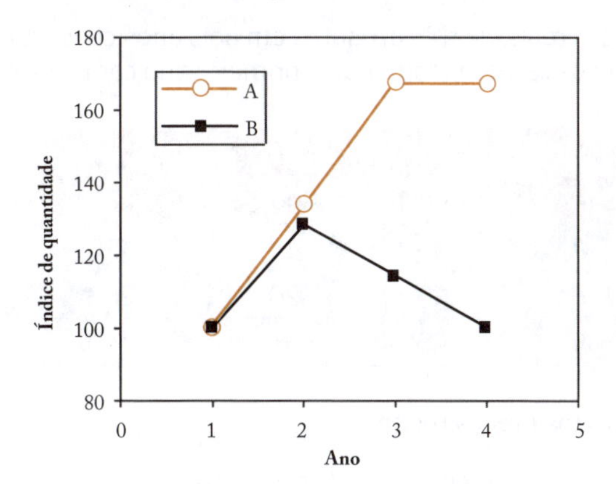

6.

Preços relativos de dois produtos vendidos em determinada região em quatro anos consecutivos

Ano	Produto	
	A	B
1	100	100
2	125	200
3	150	400
4	200	600

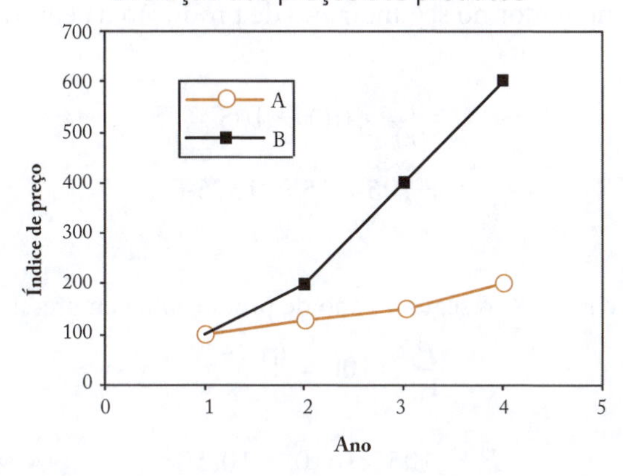

7.

Preços, em reais, de três produtos em dois anos consecutivos e preços relativos tomando o primeiro ano como base

Produto	Preços		Preço relativo
	Ano 1	Ano 2	
A	15	18	120
B	10	20	200
C	25	35	140

Média aritmética dos preços relativos

$$I_M(P_t \mid P_o) = \frac{1}{n} \sum \frac{P_{it}}{P_{io}} \times 100$$

$$I_M(P_t \mid P_o) = \frac{1}{3}\left[\frac{18}{15} + \frac{20}{10} + \frac{35}{25}\right] \times 100 = 153$$

Índice simples de preços agregados.

$$I_A(P_t \mid P_o) = \frac{\Sigma P_{it}}{\Sigma P_{io}} \times 100$$

$$I_A(P_t \mid P_o) = \frac{18 + 20 + 35}{15 + 10 + 25} \times 100 = \frac{73}{50} \times 100 = 146$$

8.

$$I(P_t \mid P_o) = \frac{P_t}{P_o} \times 100$$

Preço de um computador no segundo ano de produção da empresa:

$$\frac{P_t}{1500} \times 100 = 105$$

$$P_t = 105 \times 15 = 1575$$

Preço de um chaveiro no segundo ano de produção da empresa:

$$\frac{P_t}{10} \times 100 = 105$$

$$P_t = 105 \times 0,10 = 10,50$$

9.

$$V_o = 1.000 \times 500 = 500.000$$

$$V_t = 2.000 \times 600 = 1.200.000$$

$$\text{Valor relativo} = \frac{V_t}{V_o} \times 100$$

$$\text{Valor relativo} = \frac{1.200.000}{500.000} \times 100 = 240$$

10. Seja V a quantidade de gastos em vestuário e L a quantidade de gastos em lazer. Então, se a adolescente não pretende poupar nem se endividar:

$$80V + 40L = 320$$

ou seja, a quantidade de gastos deve ser igual ao valor da mesada. Para resolver, faça:

$$V = \frac{320 - 40L}{80}$$

$$V = 40 - L$$

que é a equação de uma reta com coeficiente linear 40 (corta o eixo das ordenadas em 40) e coeficiente angular igual a –1 (a reta é descendente e faz um ângulo de 45º com o eixo das ordenadas). Se a adolescente comprar 2 unidades de lazer, o valor será

$$\text{Valor} = 2 \times 40 = 80$$

Terá, então, para gastar em vestuário:

$$320 - 80 = 240$$

Equação da reta

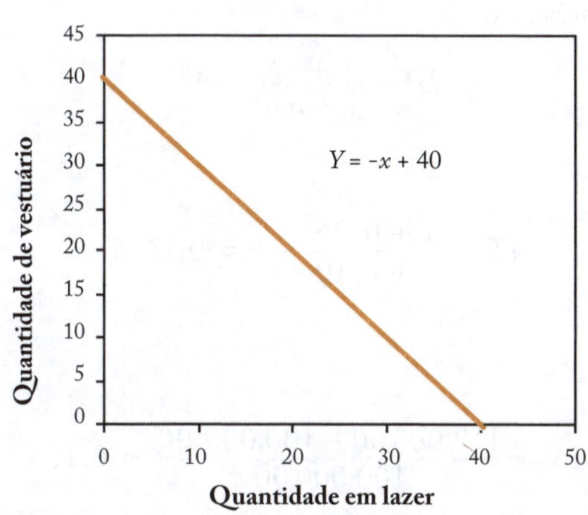

11.

a) O número índice é dado pelo quociente de dois valores da mesma variável.
b) Os índices relativos de preço expressam a mudança no preço de um item de um período para outro.
c) A média aritmética dos preços relativos é um índice simples de preços.

12.

a) Os consumidores adquirem ou não um serviço em função de condições extremamente objetivas. *Falso.*
b) Índice 110 significa um aumento de 110% no valor da variável. *Falso.*

13. O preço real do produto em janeiro do ano 5, medido em unidades monetárias de janeiro do ano 1 é

$$V_o = \frac{V_1}{I_1} \times 100$$

$$V_o = \frac{189,00}{210} \times 100 = 90,00$$

14. Taxa nominal do empréstimo:

$$TN = \frac{VF - VP}{VP}$$

$$TN = \frac{15.000,00 - 12.000,00}{12.000,00} = 0,25$$

ou 25%.

15. Taxa real do empréstimo:

$$TR = \frac{1 + TN}{1 + IGP} - 1$$

$$TR = \frac{1 + 0,25}{1 + 0,10} - 1 = 0,1364$$

ou 13,6%.

16.

$$TN = \frac{112.000,00 - 100.000,00}{100.000,00} = 0,12$$

$$TR = \frac{1 + 0,12}{1 + 0,20} - 1 = - 0,0667$$

ou uma taxa negativa de 6,67%. Seu sogro perdeu dinheiro.

17. Você optou pela chamada capitalização simples, aquela em que os juros incidem somente o valor presente (capital inicial), durante todo o período. Veja a fórmula:

$$TN = \frac{VF - VP}{VP}$$

$$VF = VP + (TN \times VP)$$

$$VF = 5.000,00 + (0,02 \times 5.000,00) = 100,00$$

Em cada mês, você recebe R$ 100,00 de juros nominais. São 11 meses de aplicação, portanto, são R$ 1.100,00 de juros. O valor futuro é de R$ 6.100,00.

18. No Exercício 8, quanto você ganhou de juros, se o IGP no período foi de 5%? E se foi de 10%?

Lembre-se de que a taxa foi de 2% ao mês. No período de 11 meses foi de 11 # 2 = 22%, ou 0,22. Então, se o IGP foi de 5%:

$$TR = \frac{1 + TN}{1 + IGP} - 1$$

$$TR = \frac{1 + 0,22}{1 + 0,05} - 1 = 0,1619$$

ou 16,19% e se o IGP foi de 10%:

$$TR = \frac{1 + 0,22}{1 + 0,10} - 1 = 0,1091$$

ou 10,91%,

19.

$$TN = \frac{VF - VP}{VP}$$

$$TN = \frac{16.500,00}{100.000,00} = 0,165$$

Como 180 dias são exatamente metade de um ano, a taxa nominal de juros foi de 33% ao ano.

20. Complete as frases:

a) Para obter a *proporção* de gastos de uma família com determinado item, é preciso dividir os *gastos com este item* pelo *total de gastos* da família.

b) O Índice de Preços ao Consumidor Amplo (IPCA) é calculado pelo IBGE.

c) Valor real ou deflacionado é o valor medido em unidades monetárias da data base.

21.

a) O INPC mede a variação de preços no varejo com base no consumo médio de famílias com renda mensal de mais de 20 salários-mínimos. *Falso.*

b) O índice de custo de vida mede a variação dos preços de bens e serviços consumidos por uma amostra representativa da população de uma região em certo período de tempo. *Verdadeiro.*

Bibliografia recomendada

ALIAGA, M.; GUNDERSON, B. *Interactive statistics.* 2. ed. New Jersey: Prentice Hall, 2003.

ANDERSON, D. R.; SWEENEY, D. J; WILLIAMS, T. A. *Estatística aplicada à administração e economia.* 2. ed. São Paulo: Cengage, 2009.

BOX, G. E. P., HUNTER, J.S., HUNTER, W.G. *Statistics for experimenters: design, innovation and discovery.* 2. ed. New York: Wiley, 2005.

JAISING, L. R. *Statistics for the utterly confused.* 2. ed. New York: McGraw-Hill, 2006.

JOHNSON, R.; TSUI, K. W. *Statistical reasoning and methods.* Nova York: Wiley, 1998.

McCLAVE, J. T.; BENSON, P.G.; SINCICH, T. *Statistics for business and economics.* 12. ed. New Jersey: Prentice Hall, 2014.

MEDEIROS da SILVA, E.; MEDEIROS da SILVA, E.; GONÇALVES, V.; MUROLO, A.C. 5. ed. *Estatística.* São Paulo: Atlas, 2017.

MOTULSKY, H. *Intuitive biostatistics: a nonmathemathical guide to statistical thinking.* 3. Ed. New York: Oxford University Press. 3 ed. 2013.

MINIUM, E.W.; CLARKE, R.C.; COLADARCI, T. *Elements of statistical reasoning.* 2. ed. Nova York: Wiley, 1999.

OTT, L.; MENDENHALL, W. *Understanding statistics.* 6. ed. Belmont: Wadsworth, 1994.

PELOSI, M. K.; SANDIFER, T. M. *Doing statistics for business.* New York: Wiley, 2000.

PHILLIPS, J. L. *How to think about statistics.* 6. ed. New York: Freeman, 2000.

SCHORK, M. A.; REMINGTON, R. D. *Statistics with applications to the biological and health sciences.* 3 ed. New Jersey: Prentice Hall. 2000.

SILVER, M. *Estatística para administração.* São Paulo: Atlas, 2000.

VIEIRA, S. *Estatística para a qualidade.* 3. ed. Rio de Janeiro: Elsevier, 2011.

________. *Elementos de estatística.* 5. ed. São Paulo: Atlas, 2012.

VIEIRA, S.; WADA, R. *O que é estatística.* São Paulo: Brasiliense, 2011.

Impressão e acabamento:

tel.: 25226368